UNIVERSALE
ECONOMICA
FELTRINELLI / SAGGI

PAOLO ROSSI

I filosofi e le macchine
1400-1700

Prima edizione in "Saggi" marzo 1962
Prima edizione in "Campi del sapere" aprile 1984
Prima edizione nell'"Universale Economica" – SAGGI
aprile 2002
Quarta edizione maggio 2017

Stampa Nuovo Istituto Italiano d'Arti Grafiche - BG

ISBN 978-88-07-88947-9

Prefazione alla seconda edizione

1

Dieci anni fa, quando questo libro fu pubblicato, non avevano ancora fatto la loro comparsa nella cultura italiana né gli studi di Alexandre Koyré sul passaggio dal mondo del pressappoco all'universo della precisione, né quelli di Edgar Zilsel sul rapporto fra la ideologia dei tecnici del Cinquecento e la nascita della moderna nozione di progresso. In quella situazione culturale – anche se erano evidenti i segni di una ripresa di interesse per la filosofia e la storiografia relative alle macchine e alla tecnica – non era ancora stato avviato quel lavoro di aggiornamento culturale che si è in seguito verificato con l'edizione italiana dell'opera monumentale di Singer, Holmyard, Hall e Williams, con l'edizione di collane, di testi e di studi specificamente dedicati a quest'ordine di discussioni e di problemi.

Né erano ancora apparse alcune opere importanti, relative a periodi storici diversi, quali gli *Studi sulla rivoluzione industriale* raccolti in "Studi Storici", 1961, nn. 3-4; *Medieval Technology and Social Change* di Lynn White Jr, Oxford 1963, New York 1966 (tr. it. Milano 1967); *The Conquest of the Material World* di John U. Nef, Chicago 1964; *Civilisation matérielle et capitalisme* di Fernand Braudel, Paris 1967; *Clocks and Culture: 1300-1700* di Carlo M. Cipolla, London 1967; *Illusione e paura nel mondo borghese da Dickens a Orwell* di Romolo Runcini, Bari 1968.

In particolare gli studi di White, di Braudel, di Cipolla contengono documenti e interpretazioni dei quali sarebbe stato indispensabile tener conto ove avessi soggiaciuto alla tentazione – alla quale ho invece deciso di resistere – di riscrivere integralmente questo volume. In questo ipotetico, ma abbastanza radicale, rifacimento avrei per esempio dovuto tener conto non solo delle pagine dedicate da M. Luisa Altieri Biagi a *Galileo e la terminologia tecnico-scientifica,* Firenze 1965, ma anche delle osservazioni che mi furono mosse da Margherita Parente Isnardi (in "Rivista Storica Italiana", 1963, pp. 644-651) sulla valutazione da dare della posizione di Jean Bodin che mentre ammira i risultati del nuovo sapere ed esalta i moderni, si muove su un piano di radicale incomprensione dei principi della nuova scienza e continua a riaffermare la superiorità della vita contemplativa sulla vita attiva. Allo stesso modo i problemi suscitati da Carlo Augusto Viano (in "Rivista di Filosofia", 1966, pp. 100-103) avrebbero richiesto, quantomeno, un ampliamento delle brevi considerazioni qui svolte su Glanvill, il quale difende dagli attacchi di Stubbe lo sperimentalismo e la operatività della scienza moderna, in vista però di una riconciliazione scienza-religione che non esclude affatto il ricorso alla tradizione dell'ermetismo e della magia rinascimentali. Anche i brevi accenni sulla concezione del rapporto arte-natura e del lavoro nel mondo classico risentono di uno schematismo eccessivo, a modificare il quale converrà ora far ricorso, fra l'altro, agli studi nel frattempo comparsi di Jean-Pierre Vernant, *Mythe et pensée chez les Grecs,* Paris 1965, cap. IV, e di Pierre Maxime Schuhl. Sul mito di Prometeo, qui brevemente trattato nell'*Appendice terza,* andrà ora visto l'esauriente lavoro di R. Trousson, *Le thème de Prométhée dans la littérature européenne,* Genève 1964, che traccia una storia delle interpretazioni del mito da Esiodo ad Albert Camus; corregge, insieme a molte tradizionali interpretazioni, anche la affermazione qui contenuta a pagina 186 sulla assenza, nella tradizione, di Ercole come allegoria dell'Incarnazione; mostra infine come il tema della "rivolta" sia in qualche modo secondario fino al secolo XVIII, risultando da una sorta di proiezione all'indietro di un'immagine di Prometeo elaborata dalla cultura romantica e positivistica.

Le osservazioni di Panofsky e di Koyré (qui riportate alle pp. 51-53) sulla tecnica costruttiva medievale che si svolge a livello di "senso comune" senza appoggiarsi su "teorie", trovano piena e documentata conferma nel libro di John Fitcher, *The Construction of Gothic Cathedrals: a Study of Medieval Vault Erection*, Oxford 1961. In esso, mentre vengono ricostruite le *operational procedures and sequences* dei costruttori delle grandi cattedrali francesi, si mette in luce "il carattere eminentemente pratico, pragmatico e diretto dei loro metodi di lavoro", che non presuppongono né la conoscenza di quella branca della geometria descrittiva che ha a che fare con le rivoluzioni dei solidi e lo sviluppo delle superfici, né di quella che ha a che fare con le rappresentazioni in prospettiva.

Non mi pare invece che quanto qui viene affermato a proposito di Leonardo e Descartes debba essere corretto sulla base di specifiche conclusioni nel frattempo raggiunte dagli studiosi. Che è invece quanto (in "Critica Storica", 1962, pp. 285-295), mi invitava a fare Paolo Cristofolini contrapponendo a questo libro il suo progetto – che credo in questi dieci anni sia rimasto tale – di un libro differente che mettesse maggiormente in rilievo quegli aspetti teorici del discorso scientifico di Galileo e di Cartesio che risultano qui programmaticamente esclusi dalla trattazione. Non ritengo infine che abbiano consistenza alcuna i rilievi sul "metodo di natura inequivocabilmente praxistica" e sulla "metodologia obbiettivistica" rivoltimi da Girolamo Cotroneo (in "Nord e Sud", gennaio 1963, pp. 111-116). Ma almeno un punto val la pena di esser chiarito, perché con la sicumera e la superficialità che caratterizzano gli odierni nipotini di Benedetto Croce, Cotroneo trova anche modo di attribuirmi la tesi – che secondo lui sarebbe "baconiana" – che "la conoscenza è soltanto la conoscenza scientifica e che il progresso va inteso semplicemente come progresso tecnico e materiale". Cotroneo non ha probabilmente molta familiarità con i classici della filosofia. Ma anche limitandosi alla lettura della monografia di Farrington, avrebbe potuto rendersi conto che Bacone colloca, in ciascuno dei suoi scritti, l'impresa scientifica e tecnica al servizio di un ideale etico di "carità". Come risulta del resto evidente anche dalla citazione dal *De sapientia veterum* che non per caso era stata posta all'inizio della *Premessa* a questo libro e che basta da sola (insieme alle considerazioni svolte alle pp. 23 e 167) a mostrare la falsità delle sue asserzioni, raggiunte – come è di moda fare negli ambienti tardo-crociani – con disinvolte cancellature di passi.

2

Sul problema dei rapporti fra scienziati e artigiani nella rivoluzione scientifica ha scritto pagine assai importanti A. Rupert Hall, che ha sottolineato il carattere fortemente composito dei gruppi intellettuali che contribuirono allo sviluppo del sapere scientifico nei secoli XVI e XVII: professori di matematica, astronomia e medicina nelle università; insegnanti di queste stesse discipline, in specie la matematica, fuori delle università; medici, agrimensori, navigatori, ingegneri, costruttori di strumenti, farmacisti, ottici, chirurghi, viaggiatori. Si trattò, come egli nota, di una sorta di "età libera" fra il *magister artium* medievale e il dottorato o il Ph.D. dell'età moderna. Per diventare "scienziati" non erano necessari, nel Seicento e nel Settecento, né il latino, né la matematica, né un'ampia conoscenza di libri, né una cattedra universitaria. Le pubblicazioni sugli atti delle accademie e l'appartenenza alle società scientifiche erano aperte a tutti, professori, sperimentatori, artigiani, curiosi e dilettanti. Biografie come quelle di William Petty, Otto von Guericke, Antony van Leeuwenhoek valgono a mostrare la varietà di origini di un processo culturale che si attua, in gran parte, al di fuori del mondo delle università. Queste ultime, nel secolo XVII, rimasero nel più dei casi chiuse alle scoperte della fisica, astronomia, botanica, zoologia e chimica, continuando a coltivare ricerche di matematica e di medicina, ma restando, nella sostanza, estranee alle dottrine della nuova filosofia meccanica e sperimentale che andava diffondendosi attraverso libri, periodici, atti delle varie società, non certo attraverso i corsi universitari. Hall insiste giustamente sul fallimento cui andarono incontro gli innovatori nei loro ripetuti tentativi di trasformare le istituzioni accademiche in centri vivi di insegnamento e di ricerca. Osservatori, laboratori, musei, officine nacquero al di fuori, in qualche caso contro le università.

La contrapposizione fra la tesi dei "medievalisti" e quella dei "rinascimentisti", così come Hall la presenta, è forse troppo di maniera, anche se, riducendola a una disputa fra coloro che insistono sulla continuità dei *metodi* e quelli che sottolineano la novità dei *contenuti,* Hall ha il merito di mostrarne la sostanziale infecondità. Hall è comunque disposto a riconoscere che i grandi progressi della tecnica empirica attirarono l'attenzione degli scienziati "colti" conducendoli ad accettare come ideale della scienza quella volontà di sottomissione della natura agli scopi umani che sembrava propria solo delle arti e dei mestieri. Ma egli tende a limitare fortemente la portata di questa affermazione quando riconduce tale mutamento a un fatto "filosofico" ("*it is the philosopher who has modified his attitude, not the craftsman, and the change was essentially subjective*") senza tener conto che, a differenza degli artigiani e dei "meccanici" dell'antichità e del Medioevo, i tecnici della nascente Età moderna scrissero e pubblicarono libri, dettero espressione a idee relative alle arti, alle scienze, ai loro rapporti, tentarono di misurarsi polemicamente con la tradizione, contrapposero il loro tipo di sapere e di approccio alla realtà naturale a quelli teorizzati e praticati nelle università. La immagine del nuovo scienziato del Seicento come "una sorta di ibrido fra il vecchio filosofo naturale e l'artigiano" è senza dubbio troppo facile e tuttavia, per distruggere l'immagine di un congiungimento delle teorie con le arti meccaniche che fu cara a molti esponenti della nuova cultura da Bacone a Diderot, non basta affermare, come fa lo Hall, che Copernico, Vesalio e Descartes non erano certo più simili a un artigiano di quanto lo fossero Tolomeo, Galeno e Aristotele. Vesalio non era certo *craftmanlike* e tuttavia scrisse pagine sui danni derivanti alla scienza medica dalla separazione fra il lavoro delle mani e l'elaborazione delle teorie, sull'incapacità manuale dei professori di anatomia, sulla povertà di idee scientifiche dei barbieri sezionatori, che Hall avrebbe dovuto tener presenti per riconoscere che esse sono espressione di una cultura e di mentalità ben diverse da quelle che furono proprie dell'età di Galeno. Le conclusioni di Hall sul carattere *attivo* della funzione esercitata dagli scienziati e sul carattere *passivo* di quella esercitata dagli artigiani non sembrano del tutto persuasive anche perché, come egli stesso riconosce, non ha molto senso mettere sullo stesso piano, in un unico discorso generale, l'astronomia, che possiede una struttura teorica altamente organizzata, che fa uso di tecniche sofisticate, che conosce nel 1543 una svolta radicale la quale è seguita e *non* preceduta da un grande lavoro di acquisizione di un nuovo materiale fattuale, con la chimica dello stesso periodo storico, che non ha la struttura di una scienza organizzata, che non possiede una coerente teoria dei mutamenti e delle reazioni, che non ha alle spalle una tradizione chiaramente definita e nel cui ambito, intorno alla metà del Cinquecento, le conoscenze dei "tecnici" sono enormemente più ampie di quelle dei filosofi naturali.

Nel saggio di Hall, come ha rilevato Robert Merton, è presente una polemica contro la riduzione della storia della scienza a storia della tecnica, contro una sopravvalutazione del significato e della portata della tecnologia nella rivoluzione scientifica. Si tratta di una presa di posizione, che richiama alla mente certe pagine di Alexandre Koyré sul valore insostituibile delle teorie. È possibile che in taluni settori della storiografia legati al marxismo o a taluni motivi di derivazione pragmatistica e deweyana, i pericoli indicati da Hall siano effettivamente presenti. La sua polemica ha effettivamente ragione di essere ove gli sviluppi della tecnica vengano interpretati come la *causa* della componente empiristica della scienza moderna; le teorie degli scienziati vengano analizzate in termini di somiglianza ai procedimenti "per tentativo ed errore" degli empirici; la teoria del moto dei proietti venga presentata come l'*effetto* della introduzione della polvere da sparo. Quanti hanno scritto sulla funzione delle arti meccaniche nella rivoluzione scientifica, sul significato e l'importanza di una nuova valutazione delle arti, sulla connessione che di fatto ebbe a verificarsi fra due dimensioni della cultura che si erano svolte per secoli l'una indipendentemente dall'altra, non hanno però bisogno, per avvalorare le loro tesi, di giungere a quelle inaccettabili e semplicistiche conclusioni.

3

La produzione di carattere teorico relativa alle macchine e alla tecnica si è andata largamente moltiplicando nel corso di questo ultimo decennio. Per una larga parte di questa produzione – almeno per quanto concerne l'Italia – quel lavoro di aggiornamento, di cui si diceva all'inizio, è come non si fosse verificato. Ed è difficile non essere d'accordo con Vittorio Somenzi che tracciando un bilancio del XXI Congresso nazionale di filosofia svoltosi a Pisa nell'aprile del 1967 e dedicato a *L'uomo e la macchina,* scriveva che il congresso aveva rischiato di risolversi "in un'arida presentazione di atti di fede, sia da parte di filosofi sia da parte di scienziati, effettuata sulla base di discorsi generici e di informazioni di seconda mano". Le pagine di Somenzi, accanto a quelle di pochissimi altri, toccavano temi reali e contribuivano all'approfondimento di una discussione che si è fatta vivissima in tutto il mondo. Il resto, in quei volumi, è costituito dalla ripetizione di luoghi comuni o è dimostrazione di faciloneria storica e teorica. Nella produzione italiana posteriore al 1962, bisognerà invece tener conto dei lavori, condotti da punti di vista divergenti, di Sergio Cotta, *La sfida tecnologica,* Bologna 1968; di Giovanni Berlinguer, *Politica della scienza,* Roma 1970; di Franco Ferrarotti, *Macchina e uomo nella società industriale,* Roma 1970. Soprattutto converrà far ricorso alle pagine lucide e intelligenti del libro di Umberto Cerroni, *Tecnica e libertà,* Bari 1970, che recano anche una serrata discussione di un materiale bibliografico molto ampio.

Quanto di equivoco e di negativo sia presente nel congiungimento di un marxismo mal digerito con gli esiti dell'irrazionalismo di Heidegger è stato più volte sottolineato. La critica alla identificazione fra ragione e razionalità tecnologica non ha dato luogo soltanto a un processo agli usi della ragione, si è spesso risolta in un processo alla ragione. Le tesi heideggeriane sulla tecnica come violenza esercitata sull'Essere, che "provoca per produrre", sono state ampiamente riprese dalla Scuola di Francoforte, si sono largamente diffuse attraverso i testi di Adorno, di Horkheimer, di Marcuse: la schiavitù, l'oppressione, lo sfruttamento sono stati fatti dipendere non dall'organizzazione della società, dall'uso della scienza e della tecnica, dalla proprietà privata dei mezzi di produzione, ma dal carattere diabolico dell'impresa di conquista e assoggettamento del mondo materiale. Se la feticizzazione della scienza e della tecnica sono legate all'impresa scientifica e tecnica come tale, se la scienza e la tecnica sono ciò che aliena e disumanizza l'uomo, se le "teorie" hanno di per sé una funzione cosificante e reificante perché allontanano dal "mondo della vita", se le radici di una società disumana non dipendono dalla sua organizzazione capitalistica, ma dalla scienza e dalla tecnica in generale, se il lavoro è una maledizione che perpetua le strutture repressive, allora è chiaro che ai cosiddetti fondatori del pensiero moderno possono essere fatte risalire precise colpe e responsabilità. Si può rifare il processo a Galileo, muovendo a questo personaggio accuse molto più pesanti di quelle che gli furono rivolte dalla Santa Inquisizione e si possono rinnovare, nei confronti di Bacone, le accuse che in altri tempi gli furono rivolte da De Maistre. Husserl nella *Krisis* e Horkheimer e Adorno nella *Dialektik der Aufklärung* hanno operato appunto in questa direzione.

Al termine di questa specie di "processo a Galileo" che caratterizza tanta parte della cultura del Novecento ci si trova di fronte ad avventure intellettuali altre volte vissute dalla cultura europea: l'arcaismo, il primitivismo, il narcisismo etico, l'invocazione di una nuova barbarie, la teorizzazione del Rifiuto come supremo valore e il culto dell'Azione per l'Azione. Come altre volte è accaduto, i maghi, gli alchimisti, gli sciamani, Jakob Böhme e Paracelso sono andati a occupare il posto di Bacone, di Galileo, di Diderot, sono diventati i nuovi "eroi del pensiero" e i simboli della modernità. Il mondo della vita, che rappresenta solo un fantasma del mondo dei rapporti oggettivi fra gli uomini, viene contrapposto al mondo della scienza, della tecnica, dell'industria non analizzato nelle sue componenti storiche reali, ma concepito come pura e totale negatività. L'immagine di una crisi totale, il processo alla modernità rischiano così di sostituirsi a quell'analisi della società industriale moderna che fu iniziata da Marx che a essa attribuì non un *unico senso,* positivo o negativo, ma la presentò quale essa era e continua a essere: un complicato intreccio di elementi umani e disumani, di alienazioni e di processi di liberazione.

In un clima politico-culturale che vede sostenitori di forme di oscurantismo antiscientifico e seguaci della mistica della vita travestiti da pensatori rivoluzionari, va ricordato che il libro di Cerroni, fra gli altri suoi meriti, ha anche quello, non piccolo, di richiamare con energia l'attenzione sulle radici irrazionalistiche e sugli esiti misticheggianti di quelle filosofie e visioni del mondo che vedono nel rifiuto della tecnica e della scienza la via maestra per la riconquista di una immaginaria libertà. La contrapposizione del godimento al lavoro, della logica della soddisfazione a quella della prestazione, della dimensione "orfica" a quella "prometeica", della "gaia scienza" alla "scienza curiosa": questa tematica si risolve "in un estetismo ribellistico che colpisce insieme ogni forma di convivenza sociale e di penetrazione individuale della natura". La critica alla società capitalistica, continua Cerroni, diviene qui "il pretesto storico per una generale aggressione alla dimensione extraindividuale ed extraistintuale dell'uomo, per la soppressione totale del problema della storia e del tempo, così come del problema della relazione interindividuale con la natura".

4

Questo libro non appartiene – è forse opportuno chiarirlo meglio ai suoi eventuali nuovi lettori – né al genere "storia della filosofia", né a quello "storia della scienza". Anche se assomiglia molto di più a un abbozzo di ricerca che a una ricerca compiuta, è nato dalla convinzione (ancora oggi condivisa) che una storiografia attenta alle ideologie, alle correnti di opinioni, alle valutazioni di carattere generale che anticiparono, accompagnarono e seguirono la nascita e lo sviluppo delle scienze all'inizio dell'Età moderna abbia una sua precisa funzione e possa contribuire a gettare non poca luce sui rapporti fra le idee e le teorie e la storia dei gruppi intellettuali e della società. Per realizzare questi scopi è necessario far ricorso a quegli scritti, non sempre e non soltanto "filosofici" e "scientifici", nei quali alcune idee e valutazioni, destinate a divenire centrali e ad assumere notevole importanza, si manifestarono con maggior forza, anche se espresse, in molti casi, con scarsa o nessuna sistematicità e su un piano ben lontano da quello del rigore concettuale o della coerenza del sistema.

Continuando a muoversi (come Cristofolini proponeva di fare) intorno al problema dei rapporti intercorrenti fra i "grandi sistemi" e "le sollecitazioni provenienti dal grado di sviluppo scientifico e dalle condizioni di vita", si invita di fatto a trascurare come irrilevante una indispensabile ricerca – che è ancora agli inizi – preoccupata di intendere il peso che idee, valutazioni, orientamenti di carattere generale (così come dogmi e pregiudizi) hanno esercitato in un contesto assai più ampio di quello che è caratteristico del sapere concettuale per riflettersi poi, in diversa misura, anche all'interno delle singole filosofie e delle varie scienze. Le tradizionali storie della filosofia e della scienza (spesso concepite come rivolte a discipline e a "oggetti" differenti) tendono in genere a eludere domande decisive che concernono la situazione culturale nella quale gli scienziati si trovarono, di volta in volta, a operare; le differenti, talora divergenti, definizioni e caratterizzazioni della scienza; le diverse finalità che furono assegnate, in culture di età differenti, alla scienza e alla tecnica; il posto assegnato all'opera degli scienziati e dei tecnici non solo nelle enciclopedie del sapere, ma anche nella considerazione effettiva di determinati ambienti e gruppi.

Per chi creda all'utilità di porsi domande di questo tipo converrà in primo luogo abbandonare sia la boria dei dotti sia quella delle nazioni e richiamarsi a quanto è già stato fatto. Tenendo conto da un lato della storia delle idee e dall'altro degli studi di sociologia della scienza del tipo di quelli di Robert Merton, di Edgar Zilsel, di Martha Ornstein, di Harcourt Brown. Forse non è un caso che in Italia, dove è stata tradotta quasi tutta l'opera di Koyré, così attento e così lucido nell'analisi delle strutture teoriche dei sistemi scientifici, non si sia mostrato grande interesse per questo genere di ricerche. Quella preferenza e queste assenze rivelano la tenace persistenza di una mentalità idealistica, sdegnosa di "storia" e di "sociologia", ancora ferma – anche presso critici aspri delle posizioni di Croce e di Gentile – a una storia della scienza come storia della "dialettica interna" delle singole scienze, che si conclude a ogni capitolo con un accurato elenco dei meriti e dei demeriti di ogni singolo scienziato e filosofo. In Italia, almeno per ora, sembra dobbiamo accontentarci o di entusiastiche professioni di fede sull'esistenza di stretti collegamenti fra sviluppo delle scienze e vita sociale, o delle complicate banalità di coloro che ritengono di aver esaurito ogni lavoro possibile etichettando come borghese ogni intellettuale a cui sia capitato di vivere nello spazio di tempo compreso fra Nicola Oresme e Albert Einstein, oppure – ed è il migliore dei casi – di elaborate teorizzazioni di lavoro da fare, assai complesse e rigorose dal punto di vista metodologico, ma che hanno il piccolo difetto di non trasformarsi mai in indagini e in libri. Che sono simili a quelle *filosofie verbose* di cui parlava, nel suo immaginifico linguaggio, il Lord Cancelliere: belle e formose nella parte superiore del corpo, ma del tutto incapaci di generare.

Firenze, Università, agosto 1971. *P.R.*

Oltre ai riferimenti indicati nel testo sono da vedere sulla situazione della tecnica nel mondo antico: B. BILINSKI, *L'elogio della mano e la concezione ciceroniana della società,* in "Atti del primo congresso internazionale di studi ciceroniani", 1961, pp. 1-18; G.M. ISNARDI, *Teoria e prassi nel pensiero dell'Accademia Antica,* in "La Parola del Passato", XLIII; P.M. SCHUHL, *Perché l'antichità classica non ha conosciuto il macchinismo?,* in "De Homine", 1962, 2-3; M. VEGETTI, *Technai e filosofia nel "Perì téchnes" pseudo-ippocratico,* in "Atti dell'Accademia delle Scienze di Torino", 1964; V. DE MAGALHÃES-VILHENA, *Essor scientifique et obstacles sociaux à la fin de l'antiquité,* Paris 1966.

Il saggio di Hall, *The Scholar and Craftsman in the Scientific Revolution,* è nel vol. *The Critical Problems in the History of Science,* Madison (Wisconsin) 1962. Ma la prima edizione del libro, che non riuscii a vedere, risale al 1959. Le osservazioni di R. Merton sono contenute nello stesso volume: *Commentary on the paper of R. Hall,* pp. 24-29. Sul livello delle conoscenze dei tecnici in campo chimico è importante la traduzione, curata da A. Grünhaldt Sisco e C.S. Smith del *Treatise on Ores and Assaying* di Lazarus Ercker.

Ho svolto con maggior ampiezza i temi qui toccati a proposito del libro di Cerroni in due saggi: *Nuove analisi per il nostro tempo,* nel vol. *Storia e filosofia: saggi sulla storiografia filosofica,* Torino 1969, pp. 242-251, e *Il processo a Galilei nel XX secolo*, nel vol. *Aspetti della rivoluzione scientifica,* Napoli 1971, pp. 13-27. Su questi stessi problemi: L. COLLETTI, *Ideologia e società,* Bari 1969; R. RICHTA, *Rivoluzione scientifica e socialismo,* Roma 1969; A. ZANARDO, *Heidegger e il naturalismo di Lowith,* in "Rivista critica di storia della filosofia", 1969, pp. 312-324.

Fra le recensioni non indicate nel testo cfr. "Il Paese", 25 aprile 1962 (C. Vasoli); "Rinascita", 5 maggio 1962 (M. Spinella); "Rassegna della Letteratura italiana", maggio-agosto 1962 (C A. Madrignani); "Belfagor", 1962, pp. 732-736 (F. Brunetti). Con il titolo *Philosophy, Technology and the Arts in the Earlier Modern Era*, questo libro è stato pubblicato a New York (Harper and Row) nel 1970.

I FILOSOFI E LE MACCHINE

Premessa

> Il significato di quella parte della favola, che concerne l'uso delle arti meccaniche, è chiarissimo. Verso di esse la vita umana ha un debito molto profondo: da quel tesoro molto è stato ricavato per il servizio della religione, per l'ornamento del consorzio civile, per il miglioramento dell'intera esistenza. E tuttavia, da quella stessa fonte, derivano strumenti di vizio e di morte.
>
> F. Bacone, *Dædalus sive mechanicus,* 1609

Alla discussione sulle arti meccaniche, che raggiunse una intensità singolare fra il 1400 e il 1700, appaiono legati alcuni grandi temi della cultura europea. Nelle opere degli artisti e degli sperimentatori del Quattrocento, nei libri di macchine e nei trattati degli ingegneri e dei tecnici del secolo XVI si fa strada una nuova considerazione del lavoro, della funzione del sapere tecnico, del significato che hanno i processi artificiali di alterazione e trasformazione della natura. Anche sul piano della filosofia, in ambienti assai attenti a questo tipo di problemi, emerge una valutazione delle *arti* ben diversa da quella tradizionale: alcuni dei procedimenti dei quali fanno uso i tecnici e gli artigiani per modificare e alterare la natura giovano alla conoscenza effettiva della realtà naturale, valgono anzi a mostrare – come fu detto in esplicita polemica con le filosofie tradizionali – la natura in movimento.

La difesa delle arti meccaniche dalla accusa di indegnità, il rifiuto di far coincidere la cultura con l'orizzonte delle arti liberali e le operazioni pratiche con il lavoro servile, implicavano in realtà l'abbandono della concezione della scienza come disinteressata contemplazione della verità, come ricerca che nasce solo *dopo* che si sono apprestate le cose necessarie alla vita. E alla polemica antiaristotelica si unisce sovente l'altra – largamente diffusa entro la letteratura tecnica – rivolta contro ogni forma di sapienza occulta e segreta, contro l'antichissima concezione sacerdotale del sapere. Gli scrittori di cose tecniche e i filosofi naturali insistono concordemente su un punto: il sapere ha carattere pubblico e collaborativo, si presenta come una serie di contributi individuali, organizzati nella forma di un discorso sistematico, offerti in vista di un successo generale che dev'essere patrimonio di tutti gli uomini.

Questo modo di considerare il sapere e la scienza – del quale si sono cercate qui le prime tracce nelle opere dei tecnici del tardo Cinquecento – gioca un ruolo decisivo e determinante nella formazione e negli sviluppi dell'idea di progresso scientifico. Gli uomini che operavano nelle officine, negli arsenali, nelle botteghe o che, abbandonato il disdegno per la pratica, consideravano le operazioni che ivi si svolgevano come una forma di conoscenza, giunsero a teorizzare, per il loro lavoro, fini assai differenti e certo più impersonali di quelli della santità individuale o della immortalità letteraria. Il senso della ulteriore perfettibilità della propria opera, l'affermazione della necessità della cooperazione intellettuale e della progressività di un sapere che cresce su se medesimo nel tempo arricchendosi mediante l'opera congiunta di molti, il riconoscimento dei risultati sempre nuovi cui danno luogo le arti, conducevano d'altro canto ad affermare la limitatezza dell'orizzonte culturale degli antichi e a sottolineare il carattere provvisorio e storico delle loro scoperte e delle loro verità.

Questo motivo, sul quale avevano a lungo insistito gli umanisti del Quattrocento, si congiungeva in tal modo all'attribuzione di un valore universale ad alcune categorie tipiche del sapere tecnico: la collaborazione, la progressività, la perfettibilità, l'invenzione. La cultura filosofica del Seicento portava così a piena e matura consapevolezza alcuni motivi di pensiero che si erano andati lentamente affermando ai margini della cultura ufficiale, al di fuori della cultura accademica, quasi sempre in opposizione a essa: non pochi dei suoi maggiori esponenti si rendevano in tal modo interpreti di alcune vitali esigenze presenti nella realtà storica dell'Europa moderna. In questo senso, e in questi limiti precisi, sono stati affrontati, nelle pagine che seguono, i testi che fan riferimento alla disputa sugli antichi e sui moderni. E non diversamente, nel discorrere di Bruno e di Bacone, di Cartesio e di Galileo, di Gassendi e di Leibniz, ci si è limitati a una considerazione – talora necessariamente sommaria – dell'incidenza che la nuova valutazione della tecnica e delle arti meccaniche ebbe sulle nozioni di natura, di filosofia e di scienza.

Certo è, comunque, che l'idea del sapere come costruzione, l'assunzione del modello *macchina* per la spiegazione e comprensione dell'universo fisico, l'immagine di Dio come *orologiaio*, la tesi che l'uomo può davvero conoscere ciò che fa o costruisce e *soltanto* ciò che fa o costruisce, sono tutte affermazioni strettamente connesse alla penetrazione – nel mondo dei filosofi e degli scienziati – di quel nuovo modo di considerare la *pratica* e le *operazioni* al quale sopra si è fatto cenno.[1]

La discussione sulle arti meccaniche, sui rapporti tecnica-scienza, sulla funzione e sui compiti della tecnica, non è certo chiusa nella cultura contemporanea. L'immagine di una città atomica del nostro tempo, circondata di sentinelle, non richiama certo alla mente le città governate dagli scienziati e dominate dalla ragione, le libere accademie progettate e auspicate, tre secoli fa, da non pochi dei pionieri e dei teorici della nuova scienza. I "filosofi naturali" del nostro tempo hanno dovuto lavorare, in più casi, in ambienti ben diversi da quello della *Casa di Salomone*. Una ricerca fondata sulla segretezza, anziché sulla collaborazione e sulla pubblicità dei risultati, che ha per fine la potenza di uno stato o di un gruppo sociale invece che il benessere dell'intero genere umano, una tecnica ridotta a taumaturgia o a sussidio strumentale di una visione superstiziosa del mondo, uno sfruttamento della natura fondato sullo sfruttamento dell'uomo: tutto ciò è indubbiamente più vicino agli ideali che furono di Agrippa e di Cardano che non a quelli di Bacone e di Galileo. Una ricerca come quella che qui si è avviata – che ambisce a essere solo un capitolo di una storia che diverrà assai più complessa nel corso degli ultimi due secoli – può tuttavia essere non inutile – al fine di chiarire il senso di certi termini e la genesi, spesso assai lontana nel tempo, di problemi ricorrenti e ancor oggi dibattuti.

[1] Il primo dei tre capitoli che compongono questo libro risulta da un rifacimento e ampliamento del saggio *Sulla valutazione delle arti meccaniche nei secoli XVI e XVII* pubblicato nella "Rivista critica di storia della filosofia" (1956, 2). Le appendici seconda e terza sono state pubblicate, in forma diversa, rispettivamente nella "Rivista di filosofia" (1955, 2) e nella "Rivista critica di storia della filosofia" (1957, 1).

Capitolo primo

Arti meccaniche e filosofia nel secolo XVI

1. *La nuova valutazione della tecnica: Bernard Palissy, Robert Norman, Vives e Rabelais, Vesalio, Sir Humphrey Gilbert*

Nell'*Avvertimento ai lettori*, premesso ai suoi *Discours admirables* pubblicati a Parigi nel 1580, Bernard Palissy, il celebre ceramista francese, si poneva una domanda caratteristica: è possibile che un uomo possa sapere qualcosa ed essere a conoscenza degli effetti naturali senza aver letto i libri scritti in latino dai filosofi?[1] Palissy era un apprendista vetraio che, cercando il segreto dello smalto bianco da applicare alle ceramiche, era giunto alla celebrità e poi sull'orlo della rovina; nella sua vita avventurosa aveva progettato numerose macchine che non riuscì mai a eseguire; aveva rischiato più volte di morire di fame o di essere condannato a morte. Morì alla Bastiglia nel 1589 o 1590. Nei *Discours*, che son tutti un'invettiva contro la cultura dei professori della Sorbona, troviamo presente la identificazione della filosofia con l'arte di osservare la natura e l'affermazione che quest'arte non è in alcun modo patrimonio dei dotti e dei filosofi. Essa dev'esser diffusa presso tutti gli abitanti della terra e può nascere solo da un "culto per le cose" che respinge con violenza la cultura libresca e la tradizione filosofica.[2]

Alla domanda che si era posto, Palissy rispondeva dun-

[1] *Les œuvres de B. Palissy publiées d'après les textes originaux avec une notice historique et bibliographique*, par A. France, Paris 1880 p. 166. In questa edizione sono ristampati fra l'altro: *Discours admirable*, Paris 1580; *Recepte véritable par laquelle tous les hommes de France pourront apprendre à multiplier leurs thrésors. Item ceux qui n'ont jamais eu cognoissance des lettres pourront apprendre une philosophie nécessaire à tous les habitants de la terre*, La Rochelle 1563.

[2] Su Palissy cfr. L. Audiat, *B. Palissy*, Paris 1864; E. Dupuy, *B. Palissy*, Paris 1894.

que affermativamente: "Mediante la pratica io provo esser false in più punti le teorie di molti filosofi, anche i più antichi e rinomati. In meno di due ore ciascuno potrà rendersene conto purché si prenda la pena di venire nel mio laboratorio. In esso si possono vedere cose mirabili (messe a prova e testimonianza dei miei scritti), collocate in ordine e con delle scritture al di sotto affinché ciascuno possa istruirsi da solo. Ti posso assicurare, o lettore, che, sui fatti contenuti in questo libro, imparerai più filosofia naturale di quanta non ne impareresti in cinquant'anni leggendo le teorie e le opinioni dei filosofi antichi".[3]

In questa pagina, senza dubbio ingenua, ma non per questo meno significativa, è presente l'embrione di due idee centrali della filosofia di Francesco Bacone: è necessario sostituire al culto dei libri il culto della natura restaurando la possibilità di un "fecondo connubio con le cose"; il fine della collezione non è quello di divertire o suscitare curiosità, ma la collezione è un mezzo di studio, può diventare un poderoso strumento di chiarificazione e di ricerca scientifica. È probabile che il sedicenne Bacone, durante il suo soggiorno a Parigi, abbia frequentato le pubbliche lezioni di agricoltura, mineralogia e geologia impartite da Palissy e forse, nel *Novum Organum*, Bacone ha in mente proprio il caso di Palissy, quando scrive che "solo di tanto in tanto accade che un artigiano eccezionalmente intelligente e ambizioso si dedichi a una nuova invenzione e, di regola, si rovini in un simile tentativo".[4] Palissy non era certo un uomo colto, era solo un umile artigiano che aveva letto, pare, Vitruvio e qualche trattato di Paracelso e di Cardano.[5] In lui troviamo, por-

[3] *Les œuvres de B. Palissy*, cit., p. 166.

[4] L'influsso di Palissy su Bacone è stato sostenuto da A.B. HANSCHMANN, *B. Palissy und F. Bacon*, Leipzig 1903. L'ipotesi è stata ripresa da SIR T. CLIFFORD ALLBUTT, *Palissy, Bacon and the Revival of Natural Science*, in "Proc. Brit. Acad.", 1913-14, VI, pp. 232 sgg., e da B. FARRINGTON, *F. Bacon, Philosopher of Industrial Science*, New York 1941, tr. it. Torino 1952, p. 21; più ampie considerazioni nell'articolo dello stesso autore *On Misunderstanding the Philosophy of F. Bacon*, in *Science, Medicine and History... Essays in Honour of Charles Singer*, Oxford 1953, vol. I, pp. 439-450. Il passo di Bacone è in *Novum Organum*, I, 84.

[5] P. DUHEM, *Études sur Leonardo da Vinci*, Paris 1906, vol. I, pp. 223-253, ha mostrato come Palissy, nonostante l'ironia che fa su Cardano, sia stato influenzato dalla traduzione francese del *De subtilitate: Les livres de H. Cardanus traduits par Richard Le Blanc*, Paris 1556.

tata alle estreme conseguenze, la tesi che il libro della natura sia straordinariamente più ricco e complesso di qualunque altro libro. Questa tesi, che era già implicita nella polemica di Erasmo e di Montaigne contro i pedanti, che verrà ripresa con grande energia dai gruppi baconiani inglesi e da Robert Boyle, si rovescia però, in Palissy, nell'affermazione di un "primitivismo scientifico" che rifiuta i libri in nome della natura e le teorie in nome di una empiria a livello artigianale.[6] Proprio da questa forma di primitivismo trae però forza la violenta polemica di Palissy contro gli spregiatori delle arti meccaniche e del lavoro manuale. La sua invettiva assume, non a caso, le caratteristiche di una presa di posizione politica e di una violenta protesta contro l'ingiustizia sociale: "Molti mangiano le loro rendite in bravate e spese superflue al seguito della Corte, in acconciature fastose od altro. A costoro sarebbe molto più utile mangiar cipolle con i loro contadini, insegnando loro a ben vivere, dando loro il buon esempio, impedendo loro di rovinarsi con processi, lavorando la terra, edificando, scavando fossati e tenendosi pronti, a tempo debito, per il servizio al Sovrano in difesa della patria. Certi giovincelli ritengono però che, maneggiando un arnese agricolo, sarebbero disonorati. Un gentiluomo, povero e indebitato fino alle orecchie, crede di trasformarsi in villano se maneggia un arnese agricolo".[7]

Robert Norman era un marinaio inglese, che, dopo circa venti anni trascorsi in mare, si era dedicato alla costruzione e al commercio delle bussole. Un anno dopo la pubblicazione dei *Discours* di Palissy, egli pubblicava, a Londra, un volumetto sul magnetismo e sulla inclinazione dell'ago magnetico.[8] Norman qualifica se stesso un *unlearned mathematician* che, nell'esercizio della professione, ha rac-

[6] Per il significato di queste posizioni cfr. W.E. HOUGHTON, *La storia dei mestieri in rapporto al pensiero seicentesco,* nel vol. *Le radici del pensiero scientifico,* a cura di Ph. Wiener e A. Noland, Milano 1971, pp. 362-390.

[7] *Les œuvres de B. Palissy*, cit., p. 90.

[8] *The Newe Attractive, Containing a Short Discourse of the Magnes: or Lodestone and Amongest Other His Vertues, of a Newe Discovered Secret and Subtil Propertie Concernyng the Declinyng of the Needle,* London 1581. Il libro fu ripubblicato nel 1585, 1592, 1596, 1614, 1720. Quest'ultima edizione è inserita in G. HELLMANN, *Rara magnetica,* Berlin 1898. I passi che seguono sono tratti dalla prefazione del Norman.

colto una quantità di osservazioni sul magnete e "sulla strana e nuova proprietà dell'inclinazione". Abbandonando le riserve che nascono dalla sua mancanza di cultura, ha deciso di rischiare il suo buon nome e di sfidare le calunnie degli avversari e le critiche delle malelingue per "proporre alla considerazione del mondo" i risultati delle sue riflessioni e dei suoi esperimenti. Ha operato per la gloria di Dio e per il vantaggio dell'Inghilterra e il lettore dovrà tener sempre presente che egli è un semplice marinaio, assolutamente incapace di "sostenere una disputa con i logici" o di dare una spiegazione soddisfacente delle "cause naturali" del magnetismo terrestre.

La modestia di questi atteggiamenti non impediva a Norman di pervenire, in più punti, a risultati di rilievo. William Gilbert farà più volte riferimento alla *Newe Attractive* e utilizzerà largamente i risultati di "questo esperto marinaio ed ingegnoso artigiano". Nonostante la sua cautela e il suo atteggiamento di rispetto verso la cultura dei *learned men,* Norman aveva però chiaro il senso di una differenza e di una opposizione di fondo tra le sue ricerche volte alle cose e non alle parole (*not regarding the words, but the matter*) e il sapere degli uomini libreschi incapaci di apprezzare il lavoro dei meccanici: "In verità io penso che gli uomini istruiti nelle scienze, stando nel loro studio e in mezzo ai loro libri, possono immaginare grandi cose e dar luogo a concetti raffinatissimi... Essi desiderano che tutti i meccanici siano tali da essere costretti, per mancanza di ogni capacità di espressione, a consegnar loro (*deliver unto them*) le loro conoscenze e i loro concetti: essi potranno farli fiorire ed applicarli ai loro scopi. Ma in questo paese esistono molti meccanici i quali, nelle loro varie capacità e professioni, conoscono alla perfezione l'uso delle loro arti e sono in grado di applicarle ai loro diversi scopi altrettanto efficacemente e più facilmente di coloro che vorrebbero condannarli".

I filosofi, gli esponenti della cultura ufficiale negano dunque senso e validità alle osservazioni dei tecnici e degli artigiani. Il sapere di questi ultimi si è formato in modo autonomo, e gli *indocti* hanno da rivolgere agli uomini di cultura un invito preciso: "Vorrei consigliare agli uomini istruiti (*learned*) di usar modestia nel pubblicare i loro concetti e di non condannare sdegnosamente coloro che ricercano i segreti delle loro arti e mestieri e li pubblicano per il profitto e l'utilità degli altri. Li consiglio di non condannarli più di quanto essi vorrebbero che altri li condannassero per aver promesso molto e aver portato a compimento poco, o niente del tutto".

In un filosofo professionale come Ludovico Vives, amico di Erasmo e di Tommaso Moro, precettore alla corte inglese, uomo di vastissima e raffinata cultura che scrive per il pubblico colto e spesso raffinato degli ambienti umanistici, troviamo espressi con minore ingenuità, ma con altrettanta energia, questi stessi concetti. Nel *De tradendis disciplinis* Vives invitava gli studiosi europei a porgere seria attenzione ai problemi tecnici relativi alla costruzione delle macchine, all'agricoltura, alla tessitura, alla navigazione. Li esortava, con efficaci parole, ad abbassare gli occhi sul lavoro degli artigiani per cercar di sapere "dove e come quelle arti sono state inventate, perseguite, sviluppate, conservate, e come esse possano essere applicate al nostro uso e profitto". Vincendo il suo tradizionale disdegno per la conoscenza volgare, l'uomo colto "non deve vergognarsi di entrare nelle officine e nelle fattorie ponendo delle domande agli artigiani e cercando di rendersi conto dei dettagli della loro opera". Un incredibile aumento della sapienza umana è derivato dall'opera di coloro che hanno affidato alla scrittura, e quindi trasmesso ai loro successori, ciò che hanno osservato sui procedimenti e le tecniche impiegati nelle singole arti. La conoscenza della natura – scriveva Vives nel *De causis corruptarum artium* – non è affatto nelle mani dei filosofi e dei dialettici; molto meglio di così grandi filosofi la conoscono in realtà i contadini e gli artigiani (*melius agricolæ et fabri norunt quam ipsi tanti philosophi*). Contadini e artigiani operano nella natura e sulla natura e, a differenza dei filosofi, non si sono costruiti una serie di entità immaginarie cui attribuire un nome oltremodo dignitoso: "Arrabbiati contro la natura, che essi ignoravano, i dialettici se ne sono costruita un'altra: cioè quella delle formalità, delle ecceità, delle relazioni, delle idee platoniche e di altre mostruosità che gli stessi che le hanno inventate non possono capire. A tutte queste cose essi attribuiscono un nome pieno di dignità e le chiamano *metafisica*. Se qualcuno ha un'intelligenza del tutto ignara della natura, o che ha orrore di essa, una mente che è invece propensa a cose astruse e a sogni pazzeschi, dicono che costui possiede un'intelligenza metafisica".[9]

Il testo di Vives è del 1531. Due anni più tardi, nella *Vie très horrificque du grand Gargantua,* Rabelais poneva lo studio dell'opera degli artigiani fra gli elementi indispensabili a un'educazione completa. Sotto la guida di Ponocrates, il giovane Gargantua studiava scienze naturali, aritmetica, geometria e musica alternando lo studio con i più vari esercizi fisici. Nei giorni di freddo o di pioggia l'allievo si dedicava alla scultura e alla pittura, e maestro e allievo si recavano poi a vedere all'opera i fonditori di metalli e di bocche da fuoco, gli orefici e i tagliatori di pietre, gli alchimisti e gli orologiai, gli stampatori, gli organisti e i tintori.[10]

Palissy, Norman, Vives e Rabelais – a diversi livelli e con differenti intenzioni – avevano dato espressione all'esigenza, assai diffusa nella cultura del Cinquecento, di un sapere nel quale l'osservazione dei fenomeni, l'attenzione per le opere, la ricerca empirica fossero preminenti rispetto alle evasioni retoriche, ai compiacimenti verbali, alle sottigliezze logiche, alle costruzioni a priori. Questa stessa esigenza – accompagnata da una precisa consapevolezza storica e da una cruda diagnosi dei pericoli impliciti in ogni cultura aristocratica ed esclusivamente libresca – troviamo presente in uno dei grandi testi della nuova scienza: il *De corporis humani fabrica* di Andrea Vesalio (1543). La protesta, la polemica, l'esortazione si riferiscono alla particolare situazione di un determinato ramo del sapere. La degenerazione della teoria, l'abbassamento di livello della dottrina appaiono collegati alla separazione, che si è progressivamente rafforzata, fra la tecnica e la scienza, fra il lavoro delle mani e l'elaborazione delle teorie scientifiche: "Dopo le invasioni barbariche tutte le scienze, che prima erano gloriosamente fiorite e praticate a dovere, andarono in rovina. A quel tempo, e prima di tutto in Italia, i dottori alla moda, imitando gli antichi romani, cominciarono a disprezzare l'opera della mano. Essi affidavano agli schiavi le cure ma-

[9] L. VIVES, *De causis corruptarum artium,* Basileae 1555, p. 410. Sul Vives cfr. C. VASOLI, *Juan Luis Vives e un programma umanistico di riforma della logica,* in "Atti dell'Accademia Toscana di Scienze e Lettere La Colombaria", XXV, 1960-61, pp. 219-263 (con ampie notizie bibliografiche).

[10] F. RABELAIS, libro I, c. 24.

nuali che ritenevano necessarie per i loro pazienti e personalmente si limitavano a sovraintendere... Il sistema per cucinare e preparare gli alimenti ai malati fu lasciato agli infermieri, il dosaggio dei farmachi ai farmacisti, le operazioni manuali ai barbieri. Così, con l'andare del tempo... certi dottori, proclamandosi medici, si sono arrogati personalmente la prescrizione dei farmachi e delle diete per oscure malattie e hanno abbandonato il resto della medicina a coloro che essi chiamano chirurghi e considerano appena come schiavi. Hanno purtroppo in tal modo allontanato da sé la più importante e più antica branca dell'arte medica, quella che (ammesso che veramente se ne dia un'altra) si basa soprattutto sulla investigazione della natura... Quando tutto il procedimento dell'operazione manuale fu affidato ai barbieri, i dottori non soltanto persero ben presto la vera conoscenza delle viscere, ma ben presto finì anche la pratica anatomica. Ciò dipese senza dubbio dal fatto che i dottori non si arrischiavano ad operare, mentre quelli cui era affidato quest'incarico erano troppo ignoranti per leggere gli scritti dei maestri di anatomia... È così accaduto che questa deplorevole divisione dell'arte medica ha introdotto nelle nostre scuole l'odioso sistema ora in voga, per cui uno esegue il sezionamento del corpo umano e l'altro ne descrive le parti. Quest'ultimo è appollaiato su un alto pulpito come una cornacchia e, con fare molto sdegnoso, ripete fino alla monotonia notizie su fatti che egli non ha osservato direttamente, ma che ha appreso a memoria da libri di altri o dei quali tiene una descrizione davanti agli occhi. Il sezionatore, ignorando l'arte del parlare, non è in grado di spiegare il sezionamento agli allievi e arrangia malamente la dimostrazione che dovrebbe seguire alle spiegazioni del medico, mentre il medico non mette mai mano al lavoro, ma guida sdegnosamente il vascello con l'aiuto del manuale e parla. Così ogni cosa viene insegnata male, i giorni vengono sciupati in questioni assurde, e si insegna confusamente agli allievi meno di quanto un macellaio, dal suo bancone, potrebbe insegnare al dottore".[11]

Vesalio lottava per la convergenza, nella medicina, del-

[11] A. Vesalio, *De humani corporis fabrica,* Basileae 1543, prefazione. Cfr. B. Farrington, *Vesalio and the Ruin of Ancient Medicine,* in "Modern Quarterly", 1938, pp. 23 sgg.

la teoria e dell'osservazione diretta; polemizzava, contemporaneamente, contro la figura del professore la cui sapienza si risolve tutta in parole, e contro quella di un sezionatore abbassato al rango di macellaio. La sua protesta contro le "cornacchie" non era un caso isolato. In questo giro d'anni è presente, in tutti gli esponenti più avanzati della cultura europea, la tendenza a sostituire a una educazione prevalentemente letteraria o retorica, un tipo di insegnamento che dia importanza notevole, se non addirittura preponderante, alla preparazione tecnica e alla formazione professionale. Esempio molto significativo di questa tendenza è, in Inghilterra, la *Queen Elizabeth Academy* di sir Humphrey Gilbert, che fu scritta intorno al 1562.[12] Gilbert insisteva prevalentemente, nella sua opera, su quegli aspetti dell'istruzione tecnica che potevano contribuire alla formazione di un nuovo tipo di gentiluomo capace di inserirsi, in modo organico, nella direzione della società inglese. Un tipo di società, questa, nella quale la capacità negli affari politici e nella diplomazia, la cultura, le maniere cortesi, la competenza nell'arte militare e in quella della navigazione stavano diventando elementi ben più importanti e decisivi delle originarie virtù del sangue e della nascita. Il programma educativo tracciato da Gilbert concerne esclusivamente un ristretto numero di membri della classe dirigente scelto fra i figli della nobiltà e in particolare fra i cadetti. L'unica lingua che Gilbert ammette nell'insegnamento è l'inglese. Il programma degli studi, che si contrappone a quello esclusivamente teorico impartito nelle università, deve riguardare "cose pratiche e utili per il presente, sia in pace che in guerra". L'insegnamento della logica è abbinato a quello della retorica e gli esercizi retorici tendono a mettere l'allievo in grado di pronunciare orazioni politiche e discorsi militari. La filosofia politica ha il compito di studiare la storia dei vari stati, i sistemi di governo, i sistemi tributari, l'amministrazione della giustizia. Ma è nello studio della filosofia naturale e della matematica che predo-

[12] L'opera del Gilbert è stata pubblicata da F.J. Furnivall, Early English Text Society, 1869. Cfr. anche *The Voyages and Colonising Entreprises Sir H. Gilbert,* Hakluyt Society, 1940, 2 voll. Sull'opera pedagogica: W.H. Woodward, *La pedagogia del Rinascimento*, Firenze 1923, pp. 298-302. È anche da vedere: F. Watson, *The Beginning of the Teaching of Modern Subjects in England,* London 1909.

mina nettamente la risoluzione del sapere "fisico" in un sapere di carattere tecnico concernente le fortificazioni, la strategia, l'uso delle artiglierie. La geografia e l'astronomia sono insegnate in funzione della navigazione; la medicina in funzione del soccorso e della medicazione dei feriti. I segreti della natura "dovranno essere studiati in tutti i modi possibili" e i risultati degli esperimenti compiuti "dovranno esser riferiti senza frasi enigmatiche e oscure". Un vascello armato e un giardino sperimentale saranno a disposizione degli studenti. L'insegnamento del diritto, delle lingue moderne, della musica, della scherma, della danza completerà l'educazione del giovane gentiluomo.

Al culmine delle aspirazioni di Gilbert – giustamente più noto come pioniere della colonizzazione inglese che come scrittore di pedagogia – stava evidentemente un tipo d'uomo capace di riunire in sé le virtù del conquistatore di colonie e del gentiluomo di corte. In realtà Gilbert tendeva, come molti altri inglesi del suo tempo, ad adattare gli ideali umanistici della cortesia alle nuove esigenze della società elisabettiana. Da un lato l'aristocrazia veniva spinta alla acquisizione di un patrimonio tecnico-culturale che la ponesse in grado di fronteggiare validamente l'ascesa della nuova classe sociale degli uomini di legge e dei proprietari di terre, dall'altro lato l'educazione umanistica veniva presentata come capace di fornire, a questa aggiornata aristocrazia, le conoscenze tecniche indispensabili per conquistarsi un posto a corte e nella società.[13]

*

I testi ai quali fin qui abbiamo fatto riferimento risalgono tutti al cinquantennio compreso fra il 1530 e il 1580. Negli scritti di un umile artigiano parigino, di un marinaio inglese, di un grande letterato francese, di un filosofo spagnolo, di uno scienziato fiammingo legato alla tradizione culturale italiana, di un pioniere inglese della colonizzazione, abbiamo riscontrato la presenza di una serie di temi

[13] Su questa situazione culturale cfr. F. CASPARI, *Humanism and the Social Order in Tudor England,* Chicago 1954; P.N. SIEGEL, *English Humanism and the New Tudor Aristocracy,* in "Journal of History of Ideas", 1952, 4.

comuni: i procedimenti degli artigiani, degli ingegneri, dei tecnici hanno valore ai fini del progresso del sapere; a tali procedimenti viene riconosciuta la dignità di fatti culturali e gli uomini colti devono quindi rinunciare al loro tradizionale disdegno per le "operazioni" e per la "pratica", abbandonare ogni concezione meramente retorica o contemplativa del sapere, volgersi allo studio e all'osservazione delle tecniche e delle arti.

Non si tratta solo del riconoscimento della dignità delle arti, o solo della loro inserzione entro i programmi di un'educazione completa. In Palissy, in Norman, in Vives, in Vesalio, in Gilbert troviamo esplicitamente presente un'affermazione destinata a vasta diffusione e a singolare fortuna nell'età della nuova scienza: alcuni dei procedimenti dei quali si servono gli uomini per produrre oggetti d'uso o per costruire macchine, per modificare e alterare la natura mediante il lavoro delle mani, giovano alla effettiva conoscenza della realtà naturale assai più di quelle costruzioni intellettuali o di quei sistemi filosofici che finiscono per impedire o limitare la attiva esplorazione, da parte dell'uomo, delle cose naturali.

La polemica contro i "pedanti" e contro il sapere libresco si rovesciava qui nell'affermazione di un tipo nuovo di conoscenza. La diffusione raggiunta da queste idee, presenti in forma diversa in testi numerosissimi, non deve far pensare che esse fossero prive di una carica culturalmente rivoluzionaria. Questa valutazione delle arti meccaniche, il riconoscimento di un "debito" del sapere scientifico verso i procedimenti della tecnica – che sarà presente nelle pagine di Bacone, di Harvey, di Galileo, di Boyle – comportava in ultima analisi il rifiuto di quel concetto di scienza che, pur da mille parti incrinato, era rimasto vivo e operante per secoli: una scienza che nasce solo quando sono state apprestate le cose necessarie alla vita umana e che si volge quindi a una disinteressata ricerca e contemplazione della verità. Questo rifiuto – e lo abbiamo visto nel caso di Palissy – non sarà senza conseguenze sul piano dell'etica e della politica: Campanella vede negli uomini che non esercitano una qualche arte utile alla vita umana degli "ospiti o rifiuti (*excrementa*) della repubblica, quali sono molti nobili di quest'età"; il baconiano William Petty, difendendo la dignità culturale delle arti meccaniche, afferma che "capita spesso che molti di coloro che ora guidano l'aratro avrebbero potuto esser capaci di governare lo stato"; Diderot infine rileva che il pregiudizio secondo il quale "volgersi agli oggetti sensibili e materiali" costituisce "una deroga alla dignità dello spirito", ha riempito le città "di orgogliosi ragionatori e di contemplatori inutili e le campagne di piccoli tiranni ignoranti, oziosi e disdegnosi".[14]

Per aver chiaro il significato storico di certe violente prese di posizione e di certe appassionate "difese" gioverà rendersi conto che queste polemiche non erano rivolte solo contro il passato o la tradizione. Per molti secoli il disprezzo che si prova per chi esercita attività manuali era stato "trasferito" a quell'attività medesima ed essa era apparsa ultima nella scala dei valori sociali ed esclusa da quelli culturali. Questi concetti sono vivi fino in pieno Seicento e oltre. Per persuadersene basta pensare allo scandalo dei gesuiti francesi di fronte alle troppe voci di argomento tecnico presenti nell'Enciclopedia di Diderot, o, senza arrivare così avanti nel tempo, aprire il *Dictionnaire françois* del Richelet (1680) alla voce *mécanique*: "questo termine, parlando di determinate arti, significa ciò che è contrario a liberale e onorevole: ha senso di basso, villano e poco degno di una persona onesta". Non si trattava solo del perpetuarsi di certi usi linguistici. Il giurista Charles Loyseau codificava, nel 1613, convinzioni diffuse quando affermava che "gli artigiani sono considerati persone vili" o che "viene comunemente chiamato meccanico ciò che è vile e abbietto". Le sue affermazioni sui contadini, nelle quali pur si riflette un'antica tradizione bucolica, sono altrettanto significative: "non c'è vita più innocente della loro, né guadagno che sia più del loro secondo natura... ma essi sono a tal punto considerati vili che ci si meraviglia nel vedere che ne esistono ancora per nutrirci".[15] Con altrettanto realismo, anche se con intenti ben diversi, avevano parlato dei contadini di Francia, Mon-

[14] Cfr. T. CAMPANELLA, *Aforismi politici*, a cura di L. Firpo, Torino 1941, p. 161; W. PETTY, *The Advice of W. Petty to Mr Samuel Hartlib in the Advancement of Some Particular Part of Learning*, 1648, ripubblicato in *The Harleian Miscellany*, 1808-11, VI, p. 144; D. DIDEROT, voce "Art", in *Encyclopédie ou dictionnaire raisonné des sciences, des arts et des métiers* (parzialmente tradotta in: *Enciclopedia...*, Milano 1966, vol. I).

[15] Cfr. L. FEBVRE, *Travail, évolution d'un mot et d'une idée*, in "Journal de Psychologie", Paris 1948, 1, p. 23.

taigne, Locke, La Bruyère.[16] Dietro la attribuzione di *vile* all'attività degli artigiani, dei "meccanici", dei contadini è presente una ben determinata concezione del lavoro umano e del significato che esso ha in funzione di questo e dell'altro mondo. Volgendoci al *Testament politique* di Richelieu (1642) possiamo renderci conto da quale tipo di valutazione del lavoro traesse vita una determinata concezione politica: "Se il popolino è troppo a suo agio è impossibile contenerlo entro le regole del suo dovere. Bisogna paragonarlo a quei muli che abituati al carico si rovinano più a causa di un lungo riposo che a causa del lavoro".[17]

Aristotele aveva escluso gli "operai meccanici" dal novero dei cittadini e li aveva differenziati dagli schiavi solo in base al fatto che i primi attendono ai bisogni e alle necessità di più persone, mentre i secondi han cura di una persona sola. L'opposizione fra schiavi e liberi tendeva così a risolversi nell'opposizione fra tecnica e scienza, fra una conoscenza volta alla pratica e all'uso, immersa negli oggetti materiali e sensibili, e una conoscenza razionale volta alla ricerca della verità.[18] Il concetto aristotelico di scienza com-

[16] Cfr. P. JACCARD, *Histoire sociale du travail de l'antiquité à nos jours,* Paris 1960, pp. 183-184: "Costui che zappa il mio giardino, ha appena seppellito suo padre... Essi si coricano solo per morire" (Montaigne, 1580); "Si vedono degli animali selvatici, maschi e femmine, sparsi per la campagna, neri, lividi e bruciati dal sole, attaccati alla terra che zappano e rimuovono con un'ostinazione invincibile" (La Bruyère, 1689). Altrettanto significativa la lunga descrizione contenuta nel giornale di viaggio di Locke.

[17] Cfr. P. JACCARD, *Histoire sociale du travail,* cit., p. 185.

[18] ARISTOTELE, *Politica,* 1278a, 1319a, 1338b. Cfr. PLATONE, *Leggi,* VIII, 846. Sulla scissione tecnica-scienza nel mondo antico: G. GLOTZ, *Le travail dans la Grèce ancienne,* Paris 1920; H. DIELS, *Die Antike Technik,* Leipzig 1924, pp. 29-35, 40 sgg.; molto informato A. REHM, *Zur Rolle der Technik in der griechisch-romischen Antike,* in "Archiv für Kulturgeschichte", 1938, XXVIII, pp. 135-162; P.M. SCHUHL, *Machinisme et philosophie,* Paris 1947, pp. 13 sgg.; fondamentali restano gli studi di B. FARRINGTON, *Greek Science,* London 1953, pp. 18 e *passim*; *La scienza nell'antichità,* Milano 1950, pp. 240 sgg.; *Lavoro manuale e lavoro intellettuale nella Grecia antica,* Milano 1953, pp. 60-66; *Scienza e politica nel mondo antico,* Milano 1960; M.A. AYMARD, *Hiérarchie du travail et autarchie individuelle dans la Grèce archaïque,* in "Révue d'hist. de la philos. et d'hist. générale de la civilisation", 1943; *L'idée du travail dans la Grèce archaïque,* in "Journal de psychologie", 1948, ha cercato di mostrare come nella Grecia arcaica fosse assente il "disprezzo" per il lavoro. Ma contro i tentativi assai numerosi di negare l'esistenza di una scissione tecnica-scienza nel mondo antico restano fondamentali le osservazioni di R.J. FORBES, *Studies in Ancient*

portava in realtà, esso stesso, una politica: "Aristotele vuol mostrare che la Città greca, oligarchica e fortemente gerarchizzata, è giusta perché è costruita a immagine della natura. Ciò comporta, evidentemente, che egli abbia cominciato a costruire la Natura a immagine della Città [...] e non è certo facile distinguere storicamente ciò che, nella politica, viene dalla scienza e ciò che, nella scienza, viene dalla politica".[19] Polemizzando contro il concetto aristotelico di scienza, difendendo la dignità delle arti meccaniche, rifiutando l'immagine di una natura concepita come una rigida gerarchia di forme, Palissy e Vives, Agricola e Vesalio (così come più tardi Bacone e Boyle) contribuivano in realtà – indipendentemente dalle loro particolari intenzioni e opinioni o pregiudizi politici – alla distruzione, che non sarà certo priva di conseguenze e di riflessi "politici", di una veneranda visione del mondo.[20]

2. *I trattati tecnici, le traduzioni dei classici, i commenti*

A questa distruzione – e questo importa qui sottolineare – danno contemporaneamente il loro contributo alcuni esponenti della cultura filosofica e non pochi rappresentanti di quei gruppi di artigiani più avanzati che, entrando in rapporto con gli ambienti umanistici e con l'eredità del mondo classico, cercano nelle opere di Euclide, di Archimede, di Vitruvio o di Erone una risposta alle loro domande. Di *trattati* di carattere tecnico, che sono talora veri e propri manuali, talora sparse considerazioni sul proprio lavoro o sui procedimenti impiegati nelle varie arti, è straordinariamente

Technology, voll. I-VI, Leiden 1955-58 (riprese in *Man the Maker* London 1958; tr. it. Torino 1960, pp. 76 sgg.), e di A. KOYRÉ, *Les philosophes et la machine; les origines du machinisme,* in "Critique", 1948, pp. 610-629. Un'importante raccolta di testi in *A Source Book in Greek Science*, ed. by M.R. Cohen, I.E. Drabkin, New York 1948. Un'ampia rassegna dello stato della questione in L. EDELSTEIN, *Moderni indirizzi nell'interpretazione della scienza antica,* in *Le radici del pensiero scientifico,* cit., pp. 91-130.

[19] R. LENOBLE, *Origines de la pensée scientifique moderne* nel vol. *Histoire de la science,* Paris 1957, p. 391.

[20] Ivi, pp. 370; 376-377; 391-393. E vanno sottolineate le conclusioni di carattere generale cui perviene il Lenoble: "*Le renouveau scientifique du XVII siècle n'est en réalité qu'un aspect d'une aventure d'une tout autre ampleur, qui est une aventure humaine*".

ricca la letteratura del Quattrocento e del Cinquecento. Opere di questo tipo dettero un contributo decisivo al contatto – che allora andò realizzandosi – fra sapere scientifico e sapere tecnico-artigianale ed ebbero un effetto determinante sulla nascita della cooperazione fra scienziati e tecnici e fra scienza e industria. Prima di procedere a un esame di alcune opere e di alcuni autori sarà opportuno ricordare che a questa letteratura di artisti, ingegneri e artigiani superiori appartengono gli scritti di Brunelleschi, di Ghiberti, di Piero della Francesca, di Leonardo, del Cellini, di Paolo Lomazzo, il trattato sulle macchine da guerra di Konrad Keyser (1366-1405), i trattati tecnici del Fontana (1420) e del Mariano (1438), le opere sull'architettura di Leon Battista Alberti, del Filarete, di Francesco di Giorgio Martini, del Palladio, il libro sulle macchine militari di Valturio da Rimini (pubblicato nel 1472 e poi ristampato a Verona nel 1482 e 1483, a Bologna nel 1483, a Venezia nel 1493 e ben quattro volte a Parigi fra il 1532 e il 1555), i due trattati del Dürer sulla geometria descrittiva e le fortificazioni (1525 e 1527), la *Pirotechnia* del Biringuccio (1540, poi ripubblicata in due edizioni latine, tre francesi e quattro italiane), l'opera di balistica di Nicolò Tartaglia (1537), i due trattati di ingegneria mineraria di Giorgio Agricola (1546 e 1556), il *Teatro di macchine* del Besson (1569, poi tradotto in francese e spagnolo), i *Mechanicorum libri* di Guidobaldo del Monte (1577), le *Diverse et artificiose macchine* di Agostino Ramelli (1588), i tre libri sulla meccanica di Simon Stevin (1586, tradotti dal fiammingo in francese nel 1634), l'opera sulle fortificazioni del Lorini (1597), i trattati di arte della navigazione di William Barlowe (1597), di Thomas Harriot (1594) e di Robert Hues (1599).

A questa vastissima produzione[21] – non certo esauribile in un sommario elenco – corrisponde un rinnovato interes-

[21] Su questa letteratura, rinviando alle successive note per i singoli autori, ricordiamo alcune opere di carattere generale: A. WOLF, *A History of Science, Technology and Philosophy in the 16th and 17th Century,* London 1950; l'opera più ampia è ora la *History of Technology*, ed. by Ch. Singer, E.J. Holmyard, A.R. Hall, T.I. Williams, Oxford 1957, voll. II-III. Utile anche F. KLEMM, *Technik, eine Geschichte ihrer Probleme,* Freiburg-München 1954 (tr. it. Milano 1959) che raccoglie numerosi testi. Ma la descrizione migliore di questi libri si trova ancora in TH. BECH, *Beiträge zur Geschichte der Maschinenbaus,* Berlin 1900.

se per le opere matematiche e tecniche dell'antichità classica[22]: la prima edizione a stampa di Euclide appare a Venezia nel 1482, Francesco Maurolico (1494-1575) pubblica edizioni latine di Archimede, Apollonio e Diofanto, mentre Federico Commandino (1509-1575) pubblica Euclide Apollonio, Pappo, Erone, Archimede e Aristarco. Dopo l'inizio del Cinquecento si fanno sempre più organici e più ampi i commenti nei quali vengono aggiunte sempre nuove nozioni e nei quali si procede sovente a una vera e propria integrazione del testo. Molte traduzioni dei classici si rivolgono espressamente agli artigiani: Jean Martin, il traduttore francese di Vitruvio (1547), scrive per "les ouvriers et les autres gens qui n'entendent pas la langue latine"; Walter Rivius, presentando in tedesco lo stesso testo (1548), si rivolge "agli artigiani, agli artefici, agli scalpellini, agli architetti, ai tessitori".[23] "I commentari a Vitruvio, egregiamente studiati da Vassili Zoubov"[24] possono offrire un chiaro esempio dell'importanza e del significato di queste "ripresentazioni" dei testi classici. Da quello del Filander (1541) a quello di Daniele Barbaro (1556), questi commenti si presentano come delle vere e proprie enciclopedie. Il Barbaro, che si serve della collaborazione del Palladio, è a conoscenza di non pochi testi della tecnica cinquecentesca: utilizza l'*Arte del navegar* di Pedro de Medina, i trattati sulle proporzioni e sull'uso del compasso di Dürer, i commenti a Tolomeo del Commandino, la *Compositio horologiorum* di Sebastiano Munster. Molti anni prima di Galileo, egli ha voluto consultare "coloro che lavorano nell'Arzanà dei Venetiani" e ha vivissimo il senso della necessità di una feconda unione di *pratica* e di *discorso*: "Perché adunque i pratici non hanno acquistato credito? percioché l'Architettura nasce da discorso. Perché i letterati? percioché l'Architettura nasce da fabrica... A essere

[22] Sulle traduzioni dei classici e la loro incidenza: G. SARTON *The Appreciation of Ancient and Medieval Science during the Renaissance (1450-1600)*, Philadelphia 1955.

[23] W. RIVIUS, *Vitruvius Zehen Bücher von der Architectur und künstlichem Bawen...*, Nurnberg 1548, e cfr. anche *Unterrichtung zu rechtem Verstand der lehr Vitruvii*, Nurnberg 1547. Intorno ai libri tedeschi sull'arte cfr. J. SCHLOSSER MAGNINO, *La letteratura artistica*, Firenze 1935, pp. 238-242.

[24] V.P. ZOUBOV, *Vitruve et ses commentateurs du XVIe siècle*, nel vol. *La science au XVIe siècle*, Paris 1960, pp. 69-90.

Architetto, che è un'artificiosa generatione, si ricerca il discorso e la fabrica unitamente".[25]

3. *Artisti e sperimentatori del Quattrocento*

Nonostante le importanti ricerche di Leonardo Olschki[26] sui "mastri sperimentatori" del secolo XV, conosciamo in realtà assai poco sulla trasmissione delle conoscenze tecniche durante il Quattrocento. Certo è che proprio in questo secolo, e proprio in Italia, ebbe a verificarsi quella unione fra le concezioni scientifiche e la vita attiva alla quale si è fatto sopra riferimento. Filippo Brunelleschi, il costruttore della cupola di Santa Maria del Fiore (1420-1436), era architetto e scultore, orefice e costruttore di fortezze e di orologi, versato nelle costruzioni idrauliche e nella meccanica, esperto nella teoria delle proporzioni e nella prospettiva. Dopo la sua originaria esperienza di orafo – ci narra il Vasari – avvenne che egli prendesse pratica "con certe persone studiose e cominciasse a entrare colla fantasia nelle cose dei tempi e dei moti, dei pesi e delle ruote, come si posson far girare e da che si muovono, e così lavorò di sua mano alcuni oriuoli buonissimi e bellissimi". E proprio in quel periodo, come ci testimonia Antonio Manetti nella *Vita di Brunellesco,* "e' misse innanzi ed in atto, lui proprio, quella ch'e' dipintori d'oggi dicono prospettiva".[27] Anche Lorenzo Ghiberti aveva iniziato la sua attività come orefice. Nei *Commentari* egli modellava la sua definizione dell'artista su quella che, dell'architetto, aveva dato Vitruvio, ma alle discipline elencate da quest'ultimo aggiungeva l'anatomia, l'ottica, la matematica teorica e pratica.[28]

[25] *I dieci libri dell'Architettura di Vitruvio tradotti e commentati da Monsignor Barbaro,* in Venetia, per Francesco Marcolini, 1556, p. 9.

[26] L. OLSCHKI, *Geschichte der neusprachlichen wissenschaftlichen Literatur* (vol. I: *Die Literatur der Technik und der angewandten Wissenschaften vom Mittelalter bis zur Renaissance,* Heidelberg 1918; vol. II: *Bildung und Wissenschaft im Zeitalter der Renaissance in Italien,* Leipzig-Roma-Firenze 1922; *Galilei und seine Zeit,* Halle 1927).

[27] Le citazioni in F. PELLATI, *Vitruvio e il Brunelleschi,* in "La Rinascita", giugno 1939, II, 7, pp. 343-365.

[28] L. GHIBERTI, *Commentarii,* ed. Schlosser, Berlin 1952. Cfr. L. VENTURI, *Lorenzo Ghiberti,* in *Pretesti di critica,* Milano 1929.

Fu un umanista come Leon Battista Alberti a dare inizio a quella "concezione scientifica dell'arte" in base alla quale la matematica (teoria delle proporzioni e teoria della prospettiva) è il terreno comune all'opera del pittore e a quella dello scienziato: "Piacemi il pittore sia dotto in quanto e' possa in tutte l'arti liberali, ma imprima desidero sappi geometria... I nostri dirozzamenti, da i quali si esprime tutta la perfetta arte di dipigniere, saranno intesi facile dal geometra, ma a chi sia ignorante in geometria né intenderà quelle né alcun'altra ragione di dipigniere: pertanto affermo sia necessario al pittore inprendere geometria".[29] La pittura è scienza, ed è scienza la visione prospettica, propria dei pittori, sulla quale essa è fondata: "sarà adunque pictura non altro che intersegatione della piramide visiva, secondo data distantia, posto il centro et constituti i lumi in una certa superficie con linee et colori artificioso rappresentata". La "ragione" e la "regola", il "divisamento della mente e dell'animo" si congiungono con l'"opera" nel lavoro dell'architetto. Suo compito è di "recare a fine tutte quelle cose le quali, mediante movimenti di pesi, congiungimenti e ammassamenti di corpi, si possono con gran dignità accomodare benissimo allo uso degli huomini". L'elogio della figura dell'architetto-ingegnere diventava subito dopo, non a caso, un elogio della tecnica, che è in grado di spostare enormi masse d'acqua e di roccia, di traforare i monti e riempire le valli, di prosciugare le paludi e deviare le acque, di regolare il corso dei fiumi, di costruir navi e ponti e macchine da guerra e fortezze, di aprire infine nuove strade e nuovi traffici verso tutti i popoli della terra.[30]

Non diversamente dall'Alberti, Piero della Francesca insisteva, nel *De prospectiva pingendi,* sulla necessità della "scienza" e della "geometria": "Molti dipintori biasimano la prospectiva, perché non intendono la forza de le linee et degli angoli, che da essa se producano: con i quali commensuramente onni contorno e lineamento se descrive. Perhò me

[29] L.B. ALBERTI, *Della pittura,* a cura di L. Mallé, Firenze 1950, pp. 103-104. Sui rapporti fra la teoria della pittura dell'Alberti e le regole dell'oratoria e della retorica di Cicerone e di Quintiliano è assai importante lo studio di J.R. SPENCER, *Ut rhetorica pictura. A Study in Quattrocento Theory of Painting,* in "Journal of Warburg and Courtauld Institutes" 1957, pp. 26-44.

[30] L.B. ALBERTI, *De re ædificatoria,* Firenze 1485, proemio.

pare de dovere mostrare quanto questa scientia sia necessaria alla pictura".[31] Il "biasimo" di molti pittori, al quale accenna Piero, è un fatto assai significativo. In esso trovava espressione la *resistenza verso la teoria* di una mentalità ancora esclusivamente artigianale, abituata a una letteratura artistica di tipo medioevale, fatta cioè quasi esclusivamente di ricettari. Di questa resistenza ci dà una precisa e interessante testimonianza una pagina del Filarete: "Istando io una fiata in uno luogo, dove uno Signiore con più altri mangiava, et infra molti e varii ragionamenti entrorno insù lo hedificare. Uno d'essi dice: 'Per certo pare, facciate grande stima di questo hedificare, et a me non pare tanta cosa, quanta molti la fanno, che dicono bisognia sapere tante ragioni di gemetria e di disegni e molte altre cose. Parvemi intendere a questi di passati, da uno che diceva di non so che Vetruvio e d'un altro, che pare, che lo chiamasse Archimede, i quali havevano scripto di cotesto hedificare e di misure e di molte altre novelle che dicono bisognia sapere. Io non cercho tante misure né tante cose, quando fo fare alcuna cosa di murare, et non vo per tanti punti di geumetria, quanti dicono costoro; e pure stanno bene'. Disse allora uno degli altri, il quale pareva di più gravità nel suo parlare: 'Non dite così; ché a volere fare uno hedifitio, credo bisognia bene intendere le misure et anche il disegnio... et altre parti anchora credo gli bisogni d'intendere a uno, che si metta a volere hedificare. Siché non dite chosì. Ché io, ché non è mio mestieri, se non per sapere, quando acchadesse, a ragionare, pagherei bene assai a trovare uno che mi desse a 'ntendere come e che misure si vuole per fare uno hedifitio proportionato, e donde queste misure si derivano e per che ragioni; e così edificii ancora arei caro di sapere, donde ebbono origine'. Io, udendo tali ragionamenti, perché s'appartenevano al mio exercitio, et in quello luogho altri no gli era, che a questo exercitio attendesse, mi feci innanzi...".[32]

[31] PIERO DELLA FRANCESCA, *De prospectiva pingendi,* a cura di G. Nicco Fasola, Firenze 1942, p. 128. Sulla posizione dell'Alberti, di Piero, del Brunelleschi, di Leonardo cfr. R. WITTKOWER, *Brunelleschi and "Proportion in Perspective",* in "Journal of Warburg and Courtauld Institutes", 1953, pp. 275-291.

[32] FILARETE, *Tractat über die Baukunst,* ed. W. Oettingen, Wien 1896, pp. 47-49. Su questa trattatistica cfr. L. VENTURI, *La critica d'arte in Italia durante i secoli XIV e XV,* in "L'arte", 1917, pp. 305-326; *Storia della critica d'arte,* Firenze 1945. Notizie e indicazioni bibliografiche in J. SCHLOSSER MAGNINO, *La letteratura artistica,* cit.

In realtà nel corso del Quattrocento la mentalità e insieme la posizione sociale degli artisti avevano subìto modificazioni profonde. Come ci ricorda l'Antal, l'arte era ancora considerata, nel Trecento, come un'abilità manuale. All'artista si dava del tu come ai domestici, e cittadini benestanti e nobili avrebbero considerato umiliante la posizione dell'artista. Quasi tutti gli artisti del primo Quattrocento escono da ambienti artigiani, contadini e piccolo-borghesi. Andrea del Castagno è figlio di un contadino, Paolo Uccello di un barbiere, Filippo Lippi di un macellaio, i Pollaiolo di un venditore di polli. Nei primi anni del secolo gli scultori e gli architetti, a Firenze, erano membri della corporazione minore dei muratori e carpentieri, mentre i pittori erano classificati nell'ambito della corporazione maggiore dei medici e speziali, come sottoposti dell'arte, insieme agli imbianchini e ai macinatori di colori. Proprio con lavori manuali iniziava infatti il tirocinio nelle botteghe e solo dopo aver macinato colori e preparato tavole e tele si passava alla esecuzione di panneggi o di parti secondarie del quadro. Dalle botteghe, com'è noto, non uscivano solo quadri insigni, ma stemmi, bandiere, intarsi, modelli per tappezzieri e ricamatori, lavori in terracotta e oggetti di oreficeria. Il mestiere dell'orafo era comune a pittori e a scultori: dall'oreficeria provengono Brunelleschi e Donatello, Ghiberti e il Ghirlandaio. Gli architetti non erano solo costruttori di edifici ma si occupavano di strumenti meccanici e di macchine da guerra, della preparazione dei palchi e degli apparati per le feste. Il "mutamento delle idee sull'arte" – e questo processo è stato ampiamente analizzato dall'Hauser e dall'Antal – è legato al carattere sempre più profano della produzione artistica, al peso sempre maggiore dell'opinione dei laici, in definitiva al passaggio degli artisti dal rango di *artigiani* a quello di *borghesi*. Nell'età del Vasari, a metà del Cinquecento, incarichi di tipo artigianale non appaiono già più conciliabili con la dignità dell'artista. È l'età in cui Carlo V si piega a raccogliere il pennello caduto a Tiziano.[33]

Ma prima che la figura dell'artista venisse identificata

[33] Cfr. F. ANTAL, *La pittura fiorentina e il suo ambiente sociale nel Trecento e nel primo Quattrocento,* Torino 1960, pp. 390, 391, 526; A. HAUSER, *Storia sociale dell'arte,* Torino 1956, vol. II, pp. 84-129.

con quella del "genio", proprio nelle botteghe fiorentine del Quattrocento, come quella del Verrocchio, del Ghirlandaio, del Brunelleschi, si era attuata, come forse mai era avvenuto in precedenza, la fusione di attività tecniche e scientifiche, di lavoro manuale e di teoria. Alcune di queste botteghe, come quella del Ghiberti durante la preparazione delle porte del Battistero, si trasformavano in veri e propri laboratori industriali. In questi laboratori, che sono insieme officine e botteghe d'arte, e non nelle scuole, si formano i pittori e gli scultori, gli ingegneri e i tecnici, i costruttori di macchine. Qui, accanto all'arte di tagliare le pietre e di colare il bronzo, accanto alla pittura e alla scultura, venivano insegnati i rudimenti dell'anatomia e dell'ottica, il calcolo, la prospettiva e la geometria, venivano progettati la costruzione di volte e lo scavo dei canali. Il sapere empirico di "uomini senza lettere" come Brunelleschi e Leonardo ha alle spalle un ambiente di questo tipo.[34]

Brunelleschi, "uomo senza lettere", ignaro di latino e di greco, imparò matematica e geometria da Paolo Toscanelli, grande matematico e dottore padovano, ma "pur non avendo lettere – racconta il Vasari – gli rendeva sì ragione delle cose con il naturale della pratica e sperienza, che molte volte lo confondeva".[35] Paolo del Pozzo Toscanelli, ammirato da Cusano e Regiomontano per gli studi matematici, interessato all'ottica e all'astrologia, ai problemi della navigazione e dei trasporti marittimi, costruttore di orologi solari, ispiratore di Colombo e grande interprete di Archimede, è in un continuo dialogo con umanisti e letterati, con tecnici e artigiani. I rapporti di amicizia e di collaborazione fra l'"ingegnere" Brunelleschi, il letterato e matematico Alberti, il Toscanelli "nuovo Archimede", possono davvero essere presi a simbolo del profondo moto di rinnovamento in atto nella cultura fiorentina del Quattrocento.[36] Una cultura che attingeva contemporaneamente al mondo dei letterati e degli uomini d'azione, a quello degli artisti, degli ar-

[34] Sulle botteghe oltre ai luoghi ricordati nella nota precedente: L. Olschki, vol. ii, pp. 92 e *passim*; A. Koyré, nel *Rapport final* al vol. miscellaneo *Léonard de Vinci et l'expérience scientifique au seizième siècle,* Paris 1953, p. 240.

[35] G. Vasari, *Le vite,* Firenze 1878, vol. ii, p. 333.

[36] Cfr. E. Garin, *La cultura filosofica del Rinascimento italiano,* Firenze 1961, p. 328: sulla figura di Paolo del Pozzo Toscanelli, pp. 313-334.

tigiani e dei tecnici. In essa si incontrarono la sapienza dei dotti e l'impegno politico, la scienza e le arti meccaniche, la venerazione per i classici e l'interesse, vivissimo, per il mondo moderno.[37]

4. *Leonardo da Vinci*

All'aulico, raffinato latino di Leon Battista Alberti che "traduce in parole, valendosi della sua prosa latina di umanista consumato, ogni concetto strutturale o plastico" è stato contrapposto l'atteggiamento di Leonardo che "disegna tutto, rende visibile tutto e, nel discorso scritto, parla da tecnico rivolto a tecnici".[38]

Questa contrapposizione è valida solo entro limiti ben determinati proprio perché non ha senso, in riferimento a certi nomi e all'ambiente fiorentino, contrapporre *umanisti* e *artigiani* come appartenenti a due "culture" in reciproca opposizione. Leonardo, ingegnere e pittore, tecnico e filosofo, è diventato il simbolo del superamento di quella mentalità che contrapponeva le une alle altre, in modo radicale, le arti liberali e le arti meccaniche. Senza dubbio, rinunciando a fare di Leonardo (come voleva il Duhem) "un rat de bibliothèque repu de scolastique",[39] ci si può fare un'immagine abbastanza precisa degli interessi giovanili di Leonardo intimamente legati "alle consuetudini delle botteghe del Quattrocento dove vigeva un'educazione ancora artigianale, manuale e meccanica... da quest'ambiente si vede prender le mosse Leonardo, intento non solo all'opera di pittore e scultore, ma anche a studiare, inventare, costruire congegni e strumenti vari, con una genialità senza dubbio eccezionale; ma eccezionale non era fra gli artisti fiorentini intendere a simili attività meccaniche. Anche il suo repertorio: viti, molle, lime, leve, mantici e simili, non si di-

[37] Ivi, p. 325. Per una precisa valutazione del peso esercitato dal movimento umanistico sulle scienze cfr. E. GARIN, *Gli umanisti e la scienza,* in "Rivista di Filosofia", 1961, 3, pp. 259-278.

[38] C. MALTESE, *Il pensiero architettonico e urbanistico di Leonardo,* nel vol. *Leonardo, saggi e ricerche per le onoranze di Leonardo da V. nel quinto anniversario della morte,* Roma 1954, p. 342.

[39] R. DUGAS, *Léonard de Vinci dans l'histoire de la mécanique,* nel vol. *L. de V. et l'expérience scientifique,* cit., p. 92.

scosta gran che, da principio, da quel che doveva essere il bagaglio comune, e in definitiva ancora abbastanza rudimentale, delle botteghe fiorentine del tempo".[40]

Proprio da questa familiarità artigianesca con le caratteristiche dei materiali e con la possibilità di una loro lavorazione, nasce la consapevolezza, che resta sempre viva in Leonardo, del necessario congiungimento del sapere teorico con l'operare pratico e con l'esperienza: "E se tu dirai che le scienze, che principiano e finiscono nella mente, abbino verità, questo non si concede, ma si nega, per molte ragioni, e prima, che in tali discorsi mentali non accade esperienza, senza la quale nulla dà di sé certezza". Ma è anche vero, reciprocamente, che "nessuna certezza è dove non si può applicare una delle scienze matematiche over che sono unite con esse matematiche" e che "quelli che s'innamorano della pratica senza la scienza, sono come i nocchieri che entrano in naviglio senza timone o bussola, che mai hanno certezza dove si vadano".[41] La stessa polemica che abbiam visto presente in Alberti e in Filarete contro i puri empirici è presente anche in Leonardo: "Dice qui l'avversario che non vuole tanta scienza, che gli basta la pratica del ritrarre le cose naturali; al quale si risponde che nessuna cosa è che più c'inganni che fidarsi del nostro giudizio senz'altra ragione, come prova sempre l'esperienza, nemica degli alchimisti, negromanti ed altri semplici ingegni".[42]

Su queste basi è certo possibile parlare di uno spostamento degli interessi del maturo Leonardo verso la teoria e notare come i complessi progetti leonardeschi di pompe, di chiuse, di raddrizzamento e di canalizzazione dei corsi d'acqua nascano dopo gli anni del soggiorno milanese,[43] ma non è certo possibile – come molti han fatto – cercare nel pensiero di questo artista e letterato grandissimo l'atto di fondazione del metodo sperimentale e della nuova scienza. Non a torto, dopo tanta insistenza sul "miracolo" Leonardo, si è voluto ricordare il suo assoluto disdegno per la tipografia e per la stampa e si è sottolineato il fatto che la valutazione che fu data dei codici leonardeschi all'epoca del-

[40] A.M. Brizio, in *Leonardo, saggi e ricerche,* Roma 1954, p. 278.

[41] E. Solmi, *Frammenti letterari e filosofici di L. de V.,* Firenze 1889, pp. 84, 86; *Trattato della pittura*, 77.

[42] *Trattato della pittura,* B 739.

[43] A.M. Brizio, in *Leonardo, saggi e ricerche*, cit., p. 278.

la loro pubblicazione, dipendeva dalla scarsa o nessuna conoscenza che si aveva allora della effettiva situazione del sapere scientifico dell'epoca.[44] "Nei codici di Leonardo," ha scritto Randall, "non c'è nessuna singola idea scientifica di carattere teorico che fosse sconosciuta alle scuole scientifiche organizzate dell'Italia dell'epoca",[45] e uno storico come George Sarton ha affermato che "lo sviluppo della meccanica sarebbe stato lo stesso se Leonardo non fosse mai esistito".[46] Si tratta indubbiamente di aspri giudizi, ma è difficile non esser d'accordo con Randall, o Sarton o Koyré quand'essi fan rilevare che la ricerca di Leonardo, pur piena di balenanti intuizioni e di geniali vedute, non oltrepassò mai il piano degli esperimenti *curiosi* per giungere a quella sistematicità che è la caratteristica fondamentale della scienza e della tecnica moderne. La sua indagine, sempre oscillante fra l'esperimento e la notazione curiosa appare frantumata e come polverizzata in una serie di brevi note, di osservazioni sparse, di appunti scritti per se medesimo in una simbologia oscura e volutamente non trasmissibile. Sempre incuriosito da un problema particolare, Leonardo non ha in realtà alcun interesse a lavorare a un corpus sistematico di conoscenze e non conosce la preoccupazione – che è invece una dimensione fondamentale di ciò che chiamiamo tecnica e scienza – di trasmettere, spiegare e provare agli altri le proprie scoperte.[47] Invece di note e di ap-

[44] G. SARTON, *L. de V., ingénieur et savant,* in *L. de V. et l'expérience scientifique*, cit., p. 19. Sulle posizioni della critica leonardesca, sui volumi del Duhem (*Études sur L. de V. Ceux qu'il a lu et ceux qui l'ont lu,* Paris 1906-13) e sugli studi del Solmi e del Marcolongo (E. SOLMI, *Le fonti dei manoscritti di L. da V.,* in "Giornale storico della letteratura italiana", Supplementi nn. 10-11, 1908, pp. 1-344; *Nuovi contributi alle fonti dei manoscritti di L. da V.,* ivi, 1911, pp. 297-357; R. MARCOLONGO, *La meccanica di L. da V.,* in "Atti della R. Accademia delle scienze fisiche e naturali", Napoli 1932) cfr. E. GARIN, *La cultura filosofica del Rinascimento*, cit., pp. 388-389. Una ampia rassegna critica è quella di G. CASTELFRANCO, *Momenti della recente critica vinciana,* in *L., saggi e ricerche*, cit., pp. 417 sgg.

[45] J.H. RANDALL Jr, *The Place of L. da V. in the Emergence of Modern Science* (cfr. ora la tr. it. in *Le radici del pensiero scientifico,* cit., p. 216).

[46] *Intervention de M. Sarton,* in *L. de V. et l'expérience scientifique*, cit., p. 114.

[47] J.H. RANDALL Jr, *The Place of L. da V.,* tr. cit., p. 217. G. SARTON, *L. de V. ingénieur et savant*, cit., p. 58; E. GARIN, *Medioevo e Rinascimento,* Bari 1954, pp. 339-340. Sull'opera di Dürer cfr. E. PANOFSKY, *The Life and Art of A. Dürer*, tr. it. *La vita e le opere di A.D.*, Milano 1967.

punti, pochi anni dopo la morte di Leonardo, Dürer – che si era reso ben conto della rivoluzionaria portata della stampa e che si era rivolto agli stessi problemi che avevano suscitato l'interesse di Leonardo – pubblicava, in forma di sistematici trattati capaci di servire da utile guida agli artisti e artigiani tedeschi, le sue istruzioni sull'uso del compasso e della squadra (1525), il suo trattato sulle fortificazioni (1527) e sulle proporzioni del corpo umano (1528).

Da questo punto di vista anche le innumerevoli, famose macchine progettate da Leonardo (che molto probabilmente rimasero quasi tutte allo stato di progetto) riacquistano le loro reali proporzioni: più che costruite in uno spirito di progresso per sollevare la fatica degli uomini e accrescere il loro potere sul mondo e sulla materia, esse appaiono costruite per scopi fuggitivi: feste, divertimenti, sorprese meccaniche. Esse "appaiono destinate a prendere, nelle giostre e negli spettacoli, il ruolo di strumenti meravigliosi". Non a caso Leonardo è più preoccupato della *elaborazione* che della *esecuzione* dei suoi progetti; è interessato alle macchine più come risultati e prove dell'intelligenza e della genialità umane che come mezzi di effettiva padronanza della natura.[48] Le macchine rischiano di diventare giocattoli costruiti per il divertimento dei sovrani mentre il concetto di *forza* (sul quale si è tanto insistito) è certo più legato al motivo ermetico e ficiniano dell'animazione universale che alla meccanica razionale: "Forza è una potenza spirituale, incorporea e impalpabile... perché in essa è vita invisibile, incorporea e impalpabile... Forza non è altro che una virtù spirituale, una potenza invisibile la quale è creata e infusa, per accidental violenza, da' corpi sensibili nelli insensibili, dando a essi corpi similitudine di vita".[49]

Più che sui temi cosiddetti filosofici del pensiero di Leonardo nei quali vengono ripetuti motivi largamente dif-

[48] Per questa valutazione delle macchine di Leonardo cfr. E. GARIN, *Medioevo e Rinascimento*, cit., p. 337; E. WIND, *L. da V.: Mathematics and Sensibility*, in "The Listener", 1 maggio 1952; A. CHASTEL, *L. et la culture*, in *L. de V. et l'expérience scientifique*, cit., p. 263. Per una diversa valutazione: A. KOYRÉ, *Rapport final*, in *L. de V. et la science expérimentale*, cit., p. 242; C. LUPORINI, *La mente di Leonardo*, Firenze 1953; V. SOMENZI, *Ricostruzione delle macchine per il volo; L. e i principi della dinamica*, in *L., saggi e ricerche*, cit., pp. 59 sgg.; 147 sgg.

[49] Cfr. E. GARIN, *Medioevo e Rinascimento*, cit., pp. 331-333.

fusi, o sulla sua fisica dalla vaga e incostante terminologia, val dunque la pena di richiamarsi alle sue osservazioni sulla visione e sulla pittura, a quel suo "voler render tutto visibile" cui all'inizio si è fatto riferimento. Nei disegni di macchine come in quelli anatomici, Leonardo dava davvero un contributo decisivo all'invenzione di un metodo preciso di raffigurazione e descrizione della realtà. Il generico empirismo si fa qui sperimentalismo, la esperienza dà luogo alla ricerca attiva e operativa e non è certo il caso di dimenticare che l'invenzione di quel metodo di rigorosa descrizione della realtà naturale, che è opera dei grandi artisti del secolo XV, ha per le scienze descrittive (come ha rilevato Erwin Panofsky) la stessa importanza dell'invenzione del telescopio o del microscopio nel secolo XVII.[50] Basta pensare, per persuadersene, alle incisioni di Dürer o alle tavole anatomiche dell'opera di Vesalio, uscite dalla scuola di Tiziano. Di questa potenza della figurazione Leonardo ha un senso vivissimo ed egli ha anche piena consapevolezza della portata rivoluzionaria di questo atteggiamento. A esso è legata la sua tesi della superiorità dell'*occhio* sulla *mente,* e dell'osservazione diretta e minuziosa del mondo reale sui libri e sulle scritture. Proprio in riferimento alla pittura Leonardo tornava ad affrontare un tema ormai largamente discusso nella cultura del suo tempo: "Voi [scrittori] avete messo la pittura infra l'arti meccaniche; cierto se i pittori fussino atti a laudare collo scrivere l'opera loro come voi, io dubito non giacerebbe in sì vil cognome; se voi la chiamate meccanica, perché è prima manuale ché le mani figurano quel che tenevano nella fantasia, voi scrittori disegniate colla penna manualmente quello che nello ingegnio vostro si truova".

5. *Artigiani, architetti e scienziati del Rinascimento*

In realtà questa polemica di Leonardo, così come quella di molti altri artisti del Quattrocento, non è diretta al superamento dell'antico contrasto fra le arti meccaniche e le arti liberali, ma tende piuttosto a giustificare l'inserimen-

[50] F.S. BODENHEIMER, *Towards the History of Zoology and Botany in the XVIth century,* in *La science au seizième siècle*, cit., p. 288.

to della pittura e della scultura *entro* l'elenco delle cosiddette arti liberali. Il problema è stato impostato con molta chiarezza da Cesare Luporini: con la nuova valutazione della figura dell'artista, con la gloria che lo investe in Italia a partire dal XV secolo, "è tutto il mondo in cui egli ha radice [cioè il mondo delle attività manuali e artigianali] che viene innalzato nella valutazione sociale, o egli piuttosto ne viene distaccato per passare a una sfera superiore?". La risposta non è dubbia. Passando dal rango di artigiani a quello di borghesi, gli artisti vengono distaccati dalle "botteghe" e assorbiti in una cultura socialmente superiore che è legata alle corti e al "servizio" dei principi. "La creazione dell'orto di San Marco, la coltivazione in esso dei giovani ingegni artistici prelevati dalle botteghe, da parte di Lorenzo dei Medici, è fatto a cui è da attribuire anche un valore simbolico."[51]

Il processo che condusse a una nuova, diversa valutazione delle arti meccaniche e del lavoro dei tecnici, che portò al riconoscimento della funzione esercitata dagli artigiani e dagli ingegneri all'interno della cultura e della società ha caratteri molto differenti. Questo processo ha carattere euro-

[51] C. LUPORINI, *La mente di Leonardo*, cit., p. 136. Ma andrebbero anche ricordate, a questo proposito, le polemiche, molto diffuse nel secolo XVI, sulla "dignità" dell'architettura e sul confronto fra architettura e pittura. La tesi che sostiene la superiorità dell'architettura sulla pittura è legata al rilievo dei fondamenti "matematici" della prima e al carattere "manuale" della seconda. Una posizione di questo tipo è presente in J. SUTE, *The First and Chief Groundes of Architecture*, London 1563, e nella prefazione di J. Dee alla traduzione degli *Elementi* di Euclide, London 1570. Su questo argomento cfr. l'importante articolo di L. SALERNO, *Seventeenth-Century English Literature on Painting*, in "Journal of Warburg and Courtauld Institutes", XIV, 1951, nn. 3-4, pp. 234-258. Si veda anche come nella controversia sull'architettura fra Inigo Jones e Ben Jonson, il primo difenda l'architettura e consideri il lavoro manuale del tutto secondario, mentre il secondo identifichi la figura dell'architetto con quella di un artigiano e metta in ridicolo l'architettura vitruviana che ha pretese di scientificità e universalità. Su questa polemica: D.J. GORDON, *Poet and Architect: the Intellectual Setting of the Quarrel between Ben Jonson and Inigo Jones*, in "Journal of Warburg and Courtauld Institutes", XII, pp. 152 sgg. Andrebbe anche approfondito il tema della "dipendenza dalla geometria" di molti mestieri e di molti settori della filosofia naturale. Si veda, su questo argomento, la discussione di E. PANOFSKY, *La vita e le opere di Albrecht Dürer*, cit., pp. 210 sgg. intorno all'immagine della Geometria presente nella *Margarita Philosophica* del Reisch e alla *Melencolia* del Dürer.

peo ed è legato all'ascesa della borghesia e al consolidarsi delle monarchie e degli stati nazionali. Ma quello che importa qui sottolineare è che questa nuova valutazione – che era il prodotto di una nuova realtà storica – rese possibile quella collaborazione fra scienziati e tecnici e quella compenetrazione di tecnica e scienza che è alle radici della grande rivoluzione scientifica del Seicento. La direzione del movimento scientifico passerà agli ingegneri, ai *virtuosi*, ai gentiluomini "di spirito scientifico" del secolo XVII. Gli organi della nuova cultura non saranno più le università, ma le società scientifiche e le accademie. Il metodo scientifico non sarà un *fine in sé* che le ricerche sperimentali si limitano a "illustrare"; la "prova della pratica" avrà un effetto decisivo anche sulla elaborazione delle teorie più generali.[52]

Per cogliere la profonda distanza che separa la scienza medievale dalla scienza moderna e il carattere davvero rivoluzionario di quest'ultima, giova insistere precisamente su questi concetti. È indubbio che le tradizionali immagini della *notte* medievale e di un Rinascimento che ne dissipa per sempre e vittoriosamente le tenebre, sono ormai definitivamente cadute. A un'epoca che ha prodotto le grandi basiliche romane e le grandi cattedrali gotiche, che ha inventato, o reinventato, o adattato e inserito nella nostra civiltà, l'attaccatura dei cavalli, la ferratura, la staffa, il mulino ad acqua e a vento, la pialla, l'arcolaio, la bussola, la polvere da sparo; nella quale sono comparse le lenti, gli orologi meccanici e la bilancia, a quest'epoca non può certo esser negato – com'era di moda fare un tempo – lo spirito d'invenzione e d'osservazione.[53] Una volta chiarito tutto questo, resta tuttavia perfettamente vero (come riconosce un egregio studioso del pensiero scientifico medievale, il quale ha fortissimamente accentuato gli elementi di continuità fra la scienza medievale e quella moderna) che la maggior parte dei progressi tecnici del Medioevo sono probabilmente opera di artigiani illetterati e che la "direzione d'interesse" dei fisici medievali "avrebbe potuto risultar fatale alla scien-

[52] A.C. CROMBIE, ora in tr. it. *Da S. Agostino a Galileo,* Milano 1970, p. 312.

[53] L. FEBVRE, *Le problème de l'incroyance au XVI siècle,* Paris 1946, pp. 412 sgg. e cfr. A. KOYRÉ, *Du monde de l'à peu près à l'univers de la précision,* in "Critique", 1948, p. 809.

za dell'occidente" perché, per quanto eccellente fosse la loro metodologia, "essi non mettevano mai i loro metodi alla prova della pratica".[54] E ha perfettamente ragione Alexandre Koyré nel considerare gli sviluppi della tecnica medievale una *preuve éclatante* delle autonome possibilità di sviluppo di una *techne* che si muove al livello del senso comune: "Il pensiero tecnico del senso comune non dipende dal pensiero scientifico del quale può tuttavia assorbire gli elementi incorporandoli al senso comune; può svilupparsi, inventare, adattare scoperte antiche a nuovi bisogni e anche fare nuove scoperte; guidato e stimolato dall'esperienza e dall'azione, dai successi e dai fallimenti, può trasformare le regole della *techne*; può anche creare e sviluppare gli arnesi e le macchine; con mezzi spesso rudimentali, può, servito dall'abilità di coloro che li impiegano, creare opere la cui perfezione (per non parlare della bellezza) supera grandemente i prodotti della tecnica scientifica soprattutto quando questa è ai suoi inizi".[55]

Anche senza voler accettare tutte le implicazioni presenti in questa troppo rigida distinzione di Koyré, è tuttavia indubbio che in una situazione culturale di questo tipo il rapporto tecnica-scienza si configura, *nelle sue linee generali,* più come un divorzio che come una collaborazione. Discorrendo dei trattati medievali sulle arti (architettura, ingegneria meccanica, lavorazione dei metalli ecc.), Erwin Panofsky è giunto, su questo punto, a risultati molto precisi: fra gli scritti di Teofilo, di Villard de Honnecourt, di Jean de la Bégue, di Martin Roriczer e quelli di Leon Battista Alberti, di Piero della Francesca, di Giorgio Martini, intercorre la stessa differenza che fra una raccolta di ricette farmaceutiche e un'opera di biochimica. Gli scritti tecnici medievali danno ampie e dettagliate istruzioni sul modo di "lavorare", si presentano come un insieme di regole, di ricette, di precetti. In essi è del tutto assente la "teoria", intesa come tentativo di ricavare i precetti da principi generali e di fondarli su un insieme di fatti verificabili. "Un trattato medievale di architettura," scrive Panofsky, "mostra solo quali cose possono essere fatte e *come* devono essere fatte. Non fa nessun tentativo di spiegare al lettore *per-*

[54] A.C. Crombie, tr. it. *Da S. Agostino a Galileo*, cit., pp. 152, 311-312.
[55] A. Koyré, *Du monde de l'à peu près...*, cit., p. 809.

ché esse devono esser fatte in quel particolare modo, non cerca di fornire il lettore di una serie di concetti generali sulla cui base egli possa affrontare i problemi non previsti dall'autore. Il lettore dispone di importanti esempi di progetti, di costruzioni, di dettagli strutturali, di ornamenti che sono in parte ricavati da monumenti esistenti, in parte inventati dall'autore, viene informato sul giusto modo di collocare le pietre... viene istruito sugli indispensabili metodi geometrici come la proiezione... la costruzione dei poligoni regolari ecc., ma non gli vien data una *teoria dell'architettura*. Precisamente questo era invece quanto si proponeva di fare uno scrittore come Leon Battista Alberti. Fondandosi su Vitruvio, ma modificandolo, ampliandolo e anche correggendolo in ogni direzione, egli ricava i suoi precetti da principi di carattere generale, come finalità pratica, convenienza, ordine, simmetria e apparenza ottica. Egli suddivide i compiti dell'architetto in settori differenti che, presi assieme, formano un sistema comprensivo e coerente dalla pianificazione della città alla costruzione dei caminetti e cerca di corroborare le sue asserzioni mediante ragionamenti deduttivi e prove storiche."[56] In questa pagina, Panofsky fa riferimento ai tecnici e agli architetti in quanto *scrittori di trattati,* siano essi raccolte di precetti o vere e proprie "teorie". Discorrendo dell'effettivo lavoro degli architetti in quanto *costruttori,* Pierre Francastel è giunto, relativamente al problema che qui ci interessa, a identiche conclusioni. Nella costruzione della cupola di Santa Maria del Fiore viene abbandonato il sistema medievale delle impalcature lignee sostenenti le centine sulle quali si modellavano le volte e che servivano, contemporaneamente, da sagoma, da impalcature e da sostegni provvisori. Brunelleschi comprese, prima di averlo effettivamente realizzato, "che era possibile edificare la doppia calotta della cupola lavorando nel vuoto, senza centine provvisorie per sostenere i materiali leggeri durante la posa in opera e la presa delle malte". Ciò presupponeva due cose: "una bravura artigianale ammirevole (la posa circolare degli elementi seguiva un disegno che non permetteva all'operaio di vedere la forma finale) e la capacità di predisporre lo sviluppo del-

[56] E. Panofsky, *The Life and Art of A. Dürer*, cit., p. 243 (tr. it. cit., pp. 315-316).

l'opera in funzione di una visione astratta delle forme". I tradizionali procedimenti empirici devono essere abbandonati. Non si tratta più "di calcolare a terra, in base alle pietre il cui profilo si deduce da quello della vicina e che si può, a rigore, sperimentare sull'impalcatura; bisogna determinare col calcolo astratto l'inclinazione e la posa di elementi plurimi e piccoli, come appunto i mattoni, in funzione di un doppio scopo (di armatura e di riempimento) senza alcuna possibilità di correzione e di controllo". Con Brunelleschi l'architettura "passa da una fase di tecnicismo empirico a una di speculazione matematica; il costruttore del Rinascimento è un *intellettuale*, quello del Medioevo era un *artigiano*".[57]

Non si tratta, è bene sottolinearlo, solo di conclusioni elaborate dagli storici dell'arte del Rinascimento. L'analisi minutissima che ha condotto John F. Fichten sui procedimenti impiegati dai costruttori delle cattedrali gotiche,[58] conferma l'esattezza di queste conclusioni: gli artefici di quei capolavori mirabili si muovevano sul piano di un empirismo artigianale che resta sempre al livello della pratica.

Un'indagine condotta su differenti settori condurrebbe, con molta probabilità, a risultati assai simili a questi. È certo comunque che la collaborazione fra sapere tecnico e sapere scientifico che venne a stabilirsi agli inizi dell'Età moderna è da considerarsi come uno degli aspetti centrali e fondamentali della nuova cultura. Questa collaborazione, non a caso, ebbe un peso decisivo anche nella utilizzazione che venne fatta, sul piano delle scienze, di non pochi ritrovati e tecniche già noti alla civiltà medievale. Dell'astrolabio, il più caratteristico di tutti gli strumenti scientifici del Medioevo, sono disegnate più varianti durante l'ultimo mezzo secolo del suo uso in Europa (1575-1625) che in tutta la sua storia

[57] P. FRANCASTEL, *Lo spazio figurativo dal Rinascimento al Cubismo*, Torino 1957, pp. 95, 204, 206-207. Sul Brunelleschi è da vedere l'importante studio di G.C. ARGAN, *The Architecture of Brunelleschi and the Origins of Perspective Theory in the Fifteenth Century*, in "Journal of Warburg and Courtauld Institutes", 1946, al quale il Francastel si richiama più volte. Cfr. anche R. WITTKOWER, *Principles of Architecture in the Time of Humanism*, London 1950.

[58] J.F. FICHTEN III, *The Construction of Gothic Cathedrals*, Oxford 1961; cfr. anche P. FRANKL, *The Secret of Mediaeval Masons*, in "Art Bulletin", 1942.

precedente. Le lenti erano già note nel XIII secolo o forse già alla fine del XII. Su di esse si stabilisce per tre secoli una sorta di congiura del silenzio. Verranno prese in considerazione e fatte oggetto di studio teorico solo nel Cinquecento negli scritti di Francesco Maurolico (rimasti però ignorati fino al 1611) e nella *Magia naturalis* di Giambattista della Porta (1589). Keplero getterà le basi dell'ottica nuova nei *Paralipomena* del 1604, ma è uno scienziato tecnico come Galileo che avrà il coraggio di "guardare" servendosi del cannocchiale e saprà trasformare un oggetto d'uso progredito solo "per pratica", parzialmente accolto negli ambienti militari, ma ignorato dalla scienza ufficiale, in un poderoso strumento di esplorazione scientifica.[59]

Gli orologi meccanici – una delle maggiori invenzioni tecniche del Medioevo – risalgono al XIII secolo. In molti casi si tratta di macchine assai belle e complicate che sono in grado di riprodurre i moti celesti, di mettere in moto teorie di figure, di suonare le ore mediante *carillons*. Ma la loro scarsa precisione – nettamente inferiore a quella degli orologi ad acqua dell'antichità – appare insufficiente anche nell'ambito della civiltà medievale nella quale è ben viva la tipica abitudine delle società contadine di non curarsi mai troppo della conoscenza dell'ora esatta. Fino alla prima metà del secolo XVI, il tempo è ancora il "tempo vissuto", quel tempo del senso comune secondo il quale la vita scorre secondo le misure naturali del giorno e della notte o dei moti della volta celeste. Solo nella seconda metà del Cinquecento, corrispondentemente all'accrescersi della ricchezza urbana e alla vittoria della vita urbana su quella contadina, si avverte il bisogno di una più esatta misura del tempo. La piena diffusione dell'uso dell'orologio, la costruzione di apparecchi sempre più precisi risale appunto a questo periodo. Ma anche in questo caso, ancora una volta, l'orologio di precisione, l'orologio concepito non come semplice *oggetto d'uso,* ma come *strumento scientifico,* nasce nel momento in cui il contatto fra tecnica e scienza giunge a piena maturazione nell'opera di Galileo (1582) e di Huygens (1657). Da un lato la richiesta di una esatta misurazione del tempo – per la quale sono del tutto insufficienti gli orologi tradizionali – deri-

[59] Cfr. V. RONCHI, *Galileo e il cannocchiale,* Udine 1942; *L'optique au XVI siècle,* in *La science au XVI siècle,* cit., pp. 49-62.

va dalle esigenze "interne" dell'astronomia e della fisica; dall'altro lato questa stessa richiesta deriva dai bisogni della navigazione oceanica e dai problemi legati alla determinazione del "punto": "La latitudine è facilmente determinabile mediante l'osservazione del sole o della stella polare; la determinazione della longitudine esige la conoscenza dell'ora di un meridiano-base di origine. Quest'ora bisogna portarla con sé, dev'essere conservata, bisogna avere un custode del tempo del quale ci si possa fidare. I due problemi della misura e della conservazione del tempo sono intimamente legati. Il primo è stato risolto da Huygens e Galileo utilizzando il pendolo; il secondo ha ricevuto perfetta soluzione – almeno di principio – mediante l'invenzione, dovuta a Huygens, del sistema bilanciere-spirale".[60]

Un'esemplificazione di questo genere potrebbe facilmente essere moltiplicata e da più parti si è giustamente insistito sull'importanza che molti problemi pratici (come quelli della velocità delle navi, della costruzione dei canali, della balistica, della fabbricazione delle pompe, della ventilazione delle miniere ecc.) vennero ad assumere rispetto alla nascita e al progredire di una serie di ricerche di carattere teorico (idrostatica e idrodinamica, astronomia, cronometria, dinamica). La rivalutazione della tecnica, il nuovo prestigio sociale degli artigiani e degli ingegneri era strettamente legato alla accresciuta importanza economica di alcuni settori delle tradizionali arti meccaniche (quali per esempio la metallurgia, l'arte mineraria e la navigazione) e non verrà mai abbastanza sottolineato il peso esercitato in questo profondo mutamento dallo sviluppo dei grandi viag-

[60] A. Jacquerod, prefazione a L. Défossez, *Les savants du XVIIe siècle et la mesure du temps,* Ed. du Journal Suisse d'Horlogerie et de Bijouterie, Lausanne 1946. Per i metodi impiegati nella determinazione della longitudine: A. Mackay, *The Theory and Practice of Finding the Longitude at Sea or Land,* 2 voll., London 1812, pp. 217-218; R.K. Merton, *Science, Technology and Society in XVIIth-century England,* in "Osiris", IV, 1938, pp. 526-533. Sugli orologi e il tempo: W.L. Milham, *Time and Timekeepers,* New York 1945; A. Koyré, *Les philosophes et la machine; les origines du machinisme,* in "Critique", 1948, pp. 626-627; *Du mond de l'à peu près...,* cit., pp. 806-823; A. Lloyd, *Mechanical Timekeepers,* in *A History of Technology,* cit., pp. 648-675. Notizie di carattere generale in: L.C. Bolton, *Time Measurement,* London 1924; M. Daumas, *Les instruments scientifiques aux XVIIe et XVIIIe siècles,* Paris 1953.

gi di esplorazione, dei traffici marittimi, del capitale mercantile e dell'industria mineraria.[61]

La collaborazione fra gli "artigiani superiori" e gli scienziati si imponeva, in più settori, come una necessità: non solo nell'ambito della balistica, dell'architettura e della costruzione di fortificazioni, ma anche nel caso dei chirurghi, che entrarono a sempre più stretto contatto con artisti, medici e anatomisti, dei costruttori di strumenti nautici e musicali, dei navigatori legati alle ricerche dei matematici, degli astronomi e dei cosmografi. Di fronte alla sempre maggiore richiesta, la fabbricazione degli strumenti di precisione diventa, dopo la metà del Cinquecento, una vera e propria industria.[62] Gli artigiani non lavorano più soltanto al soldo di un sovrano o di un mecenate. Dispongono di una clientela assai più vasta e alcune officine (gli Arsenius a Lovanio; Coignet ad Anversa; Cole, Digges e Gemini in Inghilterra) raggiungono vasta notorietà. Un intenso, continuo spostamento di artigiani e di tecnici è in atto da molti anni nei vari paesi europei: Luigi XI (1461-1483) richiede vetrai e stampatori tedeschi, ingegneri militari italiani e spagnoli; Colonia, Marsiglia, il duca di Bretagna fanno appello fra il 1470 e l'80 ai setaioli italiani; ingegneri genovesi e napoletani lavorano per Francesco I; l'architetto Fioravanti insegna a Mosca il metodo della "colata" per la costruzione dei cannoni; gli zar si rivolgono a stampatori danesi e a metallurgisti tedeschi (1550 e 1556); l'eretico italiano Giacomo Aconcio – per ricordare un nome fra numerosissimi altri – ottiene nel 1563 l'appalto per lavori di prosciugamento del terreno inondato dal Tamigi ed entra a far parte di una commissione di esperti inviata da Elisabetta ad apprestare fortificazioni ai confini con la Scozia.

La cartografia, che intende offrire strumenti sempre più precisi, conosce in questo periodo una notevole fioritura: il

[61] Oltre alle opere di carattere generale già ricordate, cfr. J.U. NEF, *La naissance de la civilisation industrielle,* Paris 1954, pp. 35-82; A.R. HALL, *The Scientific Revolution,* London 1954, pp. 217-224; il capitolo *The Economic Incentives to Inventions,* nel vol. di G.N. CLARK, *Science and Social Welfare in the Age of Newton,* Oxford 1937.

[62] Sull'industria degli strumenti di precisione, oltre al M. DAUMAS, *Les instruments scientifiques*, cit., cfr. *Histoire de la science*, cit., pp. 139-144; D.J. PRICE, *Precision Instruments to 1500; The Manifacture of Scientific Instruments from 1500 to 1700*, in *A History of Technology*, cit., pp. 582-647.

trattato sui metodi cartografici di Apianus (Peter Bennewitz) è del 1524, il metodo di triangolazione di Frisius risale al 1533, quello di Mercator al 1569. Ma particolarmente significativa è la situazione concernente i rapporti della matematica e dell'astronomia con l'arte della navigazione. La *Casa de Contratación,* la grande scuola di navigazione di Siviglia (fondata nel 1503) non restò affatto un caso isolato. Dopo la metà del secolo un gruppo di matematici inglesi si volse espressamente a migliorare l'istruzione matematica dei maestri artigiani dedicandosi contemporaneamente all'insegnamento dei nuovi metodi "scientifici" di navigazione oceanica. I matematici Robert Recorde (1510-1558) e John Dee (1527-1606) sono consulenti tecnici della Compagnia della Moscovia e di quella del Catay. John Dee impartì istruzioni e consigli a tutti i più famosi viaggiatori dell'età di Elisabetta: da Martin Frobisher a sir Humphrey Gilbert, da John Davis a sir Walter Raleigh. Mise a disposizione dei suoi seguaci e discepoli non solo la sua vasta biblioteca, che comprendeva nel 1583 oltre quattromila volumi, ma anche la sua grande raccolta di strumenti scientifici. Thomas Digges, un altro celebre matematico e astronomo, fu per vari mesi in mare a dar dimostrazione dei nuovi metodi; Thomas Harriot, dal canto suo, accompagnò in Virginia, nel 1585, i coloni di sir Walter Raleigh come "matematico pratico e consigliere scientifico".[63]

Nel 1597 la Compagnia dei mercanti, il sindaco e gli Anziani di Londra davano vita, con i beni lasciati in eredità da sir Thomas Gresham (1519-1579), al celebre Gresham College, il più importante centro scientifico inglese della prima metà del Seicento. Nel testamento di sir Gresham si disponeva che tre delle sette cattedre dovessero essere di materie scientifiche e si stabiliva esplicitamente che il professore di astronomia insegnasse anche arte della navigazione. Henry Briggs (1561-1630), primo professore di geometria al College, era membro della Compagnia della Virginia. Egli e i suoi colleghi, professori di matematica e astronomia, erano legati da rapporti di collaborazione con un importante gruppo di costruttori navali e di navigatori.[64]

[63] E.G.R. TAYLOR, *Tudor Geography,* London 1930, pp. 24-27; *Late and Early Stuart Geography,* London 1943, pp. 29-30.

[64] F.R. JOHNSON, *Il Gresham College precursore della Royal Society,* in *Le radici del pensiero scientifico*, cit., pp. 337-361; J. WARD, *The Life of the Gresham Professors,* London 1740, p. 19.

I versi "in onore della eletta compagnia di filosofi e di spiriti sottili che si riuniscono il mercoledì di ogni settimana al Gresham College" furono probabilmente scritti da Joseph Glanvill. Questo College riuscirà a misurare l'intero mondo, cosa che i più ritengono impossibile; la determinazione della longitudine trasforma la navigazione in un piacere, e qualunque marinaio, con facilità, potrà guidare una nave sino agli antipodi[65]:

This college will the whole world measure
Which most impossible conclude,
And navigation make a pleasure
By finding out the longitude:
Every Tarpaulian shall then with ease
Saile any ship to the Antipodes.

Un'opera fondamentale della scienza moderna è senza dubbio il *De Magnete* di William Gilbert, pubblicato nel 1600. Certi dati esterni sono, a volte, indicativi di una situazione reale più di qualunque ben articolato discorso: come ha fatto notare Edgar Zilsel, una decima parte del *De Magnete* è dedicata alla cosmologia; poco più della metà dell'opera si occupa di magnetismo; un'altra decima parte è dedicata all'estrazione, fusione e lavorazione del ferro; un intero quarto del libro si occupa di problemi di navigazione e di strumenti nautici.[66] Gilbert aveva piena conoscenza delle tecniche della fusione dei metalli e dell'ingegneria mineraria ed era fortemente interessato ai problemi pratici della navigazione oceanica. Aveva largamente utilizzato l'opera degli "artigiani superiori" della sua età. Si era servito in particolare degli studi e delle osservazioni di Robert Norman, "esperto marinaio ed ingegnoso artigiano", e del lavoro svolto da William Borough, ex comandante di una nave inglese nella battaglia dell'Invincibile Armata e autore di un *Discorso sulle variazioni dell'ago magnetico.*[67]

[65] Cfr. D. STIMSON, *Ballad of Gresham College,* in "Isis", XVIII, 1932, pp. 103-117.

[66] E. ZILSEL, *Le origini del metodo scientifico di Gilbert,* in *Le radici del pensiero scientifico*, cit., pp. 239-240.

[67] W. BOROUGH, *Discourse of the Variation of the Compass or Magneticall Needle,* che è compreso in tutte le edizioni dell'opera del Norman (cfr. sopra, p. 27, nota 8).

In un significativo elenco di questi artigiani che si erano formati al di fuori delle università e della cultura ufficiale ritroviamo il nome del Norman. Gabriel Harvey, seguace di Machiavelli e sempre attento a ogni novità culturale, si rendeva chiaramente conto dell'importanza che andava assumendo la comparsa di questa nuova cultura degli *indocti*: "Chi ricordi il meccanico matematico Humphrey Cole, il costruttore navale Matthew Baker, l'architetto John Sute, il navigatore Robert Norman, l'artigliere William Bourne, il chimico John Hester o altri simili accorti e sottili empirici, sarà uomo assai altezzoso se disprezzerà gli esperti artigiani o ogni sensibile e industre 'uomo di pratica' per quanto privo di istruzione nelle scuole o illetterato (*unlectured in schooles or unlettered in bookes*)".[68]

6. *I "libri di macchine" del Cinquecento: Biringuccio, Agricola, Guidobaldo del Monte, Ramelli, Lorini*

I libri di macchine pubblicati in Europa fra la metà del Cinquecento e la metà del Seicento, nascono in questa situazione e sono tutti indistintamente rivolti alla ricerca di soluzioni dei nuovi problemi posti dagli sviluppi rapidissimi dell'arte mineraria, di quella militare, della metallurgia, della navigazione. Essi vengono concepiti e scritti in un clima culturale che risente dei grandi mutamenti in corso, delle grandi scoperte geografiche e astronomiche: non a caso questi libri contengono non solo *descrizioni* di macchine esistenti, ma più spesso e prevalentemente *progetti* (talora ineseguibili) di nuove macchine da costruire.

Questa constatazione può condurci a sottolineare un'ultima cosa: il riconoscimento che le arti meccaniche presentano un reale interesse per lo sviluppo della scienza e la acquisita consapevolezza dei presupposti metodologici che sono alla base del lavoro tecnico contribuirono grandemente a rafforzare il concetto che una teoria, per poter esser considerata giusta o verificata, debba essere in qualche modo

[68] G. HARVEY, *Works*, ed. A.B. Grosart, London 1884-85, vol. II, p. 289. Sugli artigiani inglesi del Cinquecento: F.R. JOHNSON, *Preparation and Innovation in the Progress of Science*, in "Journal of the History of Ideas", 1943, 1.

"applicata ai fatti". Seguire più da vicino di quanto non si fosse fatto per il passato i procedimenti delle arti meccaniche volle dire per molti rendersi conto del distacco esistente, nella tradizione culturale, fra *globus intellectualis* e *globus mundi*: fra la struttura concettuale delle scienze (il cosiddetto loro apparato teorico) e la loro capacità di servire concretamente ad usi umani rendendo conto di *fatti nuovi*. In questi secoli si parla continuamente, con un'insistenza che ha del monotono, di una logica dell'invenzione concepita come *venatio*, come caccia, come sforzo di penetrazione in territori prima sconosciuti. Questa logica dell'invenzione viene concepita come arte e come strumento; appare paragonabile, e di fatto viene spesso paragonata, agli arnesi. Essa appare scarsamente interessata all'analisi dei termini del discorso e ha, quasi sempre, un tono di rozzezza e di ingenuità se confrontata alle sottili discussioni della tarda Scolastica, ma, a differenza di quest'ultima, appare soprattutto preoccupata di progettare metodi nuovi, di estendere le possibilità di dominio dell'uomo sugli altri uomini e sulla natura. Il prodigioso allargamento dei confini del mondo celeste e del mondo terrestre che si verificò nel secolo XVI, non fu senza risonanza né sulle opere dei filosofi e dei logici, né su quelle degli artigiani superiori e dei tecnici.

*

Quando ci volgiamo a considerare quei libri di tecnica mineraria o di costruzioni di macchine o di architettura o di idraulica o di arte delle fortificazioni, che formano una larga parte della produzione editoriale del tardo Cinquecento, troviamo in essi, molto spesso, solo una pallida eco di queste discussioni e di questi problemi. Sarebbe certamente vano andare a cercare in opere come quella di Biringuccio e di Agricola sui metalli o in quelle di Vittorio Zonca sulle macchine o di Giacomo Strada sui mulini a vento (che compaiono all'inizio del Seicento) la piena consapevolezza del radicale mutamento che questo grandioso sviluppo del sapere tecnico portava anche nei quadri della filosofia e della cultura. Non mancano tuttavia, in alcune di queste opere, prese di posizione che hanno un preciso rilievo culturale. Gli scritti di Biringuccio e di Agricola sui metalli, di Guidobaldo del Monte sulla meccanica, il libro di macchine di Agostino Ramelli, il trattato sulle fortificazioni di Bonaiuto Lorini presentano, da questo punto di vista, un interesse particolare.

Il libro di Vannoccio Biringuccio sulla *Pirotechnia* fu pubblicato a Venezia nel 1540[69]: si trattava del primo libro a stampa dedicato alla metallurgia e, come scrive il Farrington, Biringuccio "era consapevole della sua originalità e si vantava di essere il solo ad aver pubblicato un'opera che non era fondata su altre opere, ma sulla diretta esperienza della natura".[70] Quest'affermazione del Farrington concede forse troppo alla originalità del Biringuccio; resta tuttavia il fatto che l'autore della *Pirotechnia* giunge a teorizzare esplicitamente la funzione che la ricerca di nuovi fatti può esercitare in vista di un allargamento del sapere umano. Le *notitie nuove*, come le chiama Biringuccio, hanno il compito di condurre a nuove invenzioni e a un progressivo allargamento della nostra conoscenza fattuale. Esse sono "le chiavi di far risuscitar gli ingegni" e, senza il loro fondamento, non è dato sperare di poter raggiungere i fini che ci si propongono. L'intento dell'opera è descrittivo e Biringuccio rifiuta, in nome di una descrizione fedele e stilisticamente scarna, ogni tentativo di abbellimento retorico. Quest'ultimo gli appare solo un mezzo impiegato da coloro che, volendo "mostrar d'esser maestri", nascondono dietro "mille fabulette" la loro sostanziale ignoranza dell'argomento.[71] Egli giudica che gli alchimisti appartengano a questa categoria di persone e la polemica che egli conduce contro le pretese dell'alchimia è fondata sul rilievo del carattere non tecnico e non codificabile dei procedimenti di cui essa fa uso. "È cosa necessaria," scrive Biringuccio, "a

[69] V. Biringuccio, *De la Pirotechnia libri dieci dove ampiamente si tratta non solo di ogni sorte e diversità di miniere, ma ancora quanto si ricerca intorno alla pratica di quelle cose di quel che si appartiene a l'arte de la fusione over gitto de metalli come d'ogni altra cosa simile a questa,* Venezia 1540. L'opera fu ristampata a Venezia nel 1550, 1558, 1559, 1687. Una traduzione francese uscì a Parigi nel 1556, e ancora nel 1572, poi a Rouen nel 1627. La traduzione latina a Colonia nel 1658. Il primo libro è stato ripubblicato a cura di A. Mieli, Bari 1914. Le indicazioni e le citazioni che seguono nel testo sono tratte dalla terza edizione veneziana del 1558.

[70] B. Farrington, *F. Bacone filosofo dell'età industriale,* Torino 1952, p. 19.

[71] V. Biringuccio, *Pirotechnia*, cit., pp. iv, 158v.

tutti quelli uomini che vogliono condurre le cose a un certo fine, che pensino alli mezzi che per condurli sono di bisogno"[72]; gli alchimisti rifiutano questo precetto metodico e si comportano senza tenerne alcun conto; smaniosi di immediati risultati pratici trascurano ogni paziente ricerca sui *mezzi*: "il desiderio grande che hanno di farsi ricchi, gli fa andare con lo sguardo lontano, né veder gli lascia gli intermedi pensando solo all'effetto di lor fine". Posti di fronte a una serie di successivi fallimenti, essi non cercano di modificare e perfezionare le loro tecniche, ma invocano il caso o l'intervento di forze accidentali o la loro incomprensione dei significati "riposti": "di quanti alchimisti mi ricordo d'haver udito lamentationi per aver chi sparso per sinistro tutta la sua compositione fra le ceneri, et chi per esser stato ingannato dal troppo fuoco... et chi per aver avuto troppo tristi et debili materiali...".[73]

A questa caratteristica assenza di ogni metodo corrisponde, secondo Biringuccio, l'insistente richiamo ad autorità (spesso immaginarie) mediante il quale gli alchimisti si illudono di poter eliminare la richiesta di spiegazioni razionali (*le ragioni*) e di risultati controllabili (gli *effetti*). Gli alchimisti adducono "più autorità di testimonianze che ragioni di possibilità over effetti che demostrar possino. Infra li quali è chi cita Hermete, chi Arnoldo, chi Raymondo, chi Geber, chi Occhan et chi Cratero, chi il sacro Thomaso, chi il Parigino et chi non so che frate Elia dell'ordine di San Francesco, alli quali (per la dignità della scienza lor filosofica overo per la santità) vogliono che si habbi certo rispetto di fede, o che, chi gli ascolta, taccia come ignorante o che confermi quel che dicono. Ma non per questo quelli tali non persuadono, a chi ben ragionevolmente considera, che l'arte alchemica sia vera".[74]

Questa polemica del Biringuccio contro l'alchimia non è certo riducibile, come qualcuno ha voluto fare, sul piano di un puro e semplice "scetticismo circa le possibilità di una trasmutazione dei metalli".[75] Il nostro autore ha abbozza-

[72] Ivi, p. 124r.

[73] Ivi, pp. 6v, 7v.

[74] Ivi, p. 5r.

[75] Cfr. L. THORNDIKE, *A History of Magic and Experimental Science*, New York 1951, vol. v, p. 544: "The opening chapter is sceptical as to the possibility of transmutation".

to le linee di una interpretazione dei procedimenti alchimistici e ha colto con molta penetrazione la differenza fra i procedimenti della "magia" e quelli della "tecnica" là dove ha posto in rilievo la vanità di un lavoro incapace di giungere a una codificazione dei "mezzi" e la inutilità di un appello alla tradizione che non può sostituirsi alle ricerche teoriche o al conseguimento di risultati effettivi. Sarebbe tuttavia erroneo riconoscere in queste sue affermazioni l'espressione di una mentalità "moderna". Le ragioni ultime del suo rifiuto e della sua definizione dell'alchimia come "volontà vana" e "pensiero imaginato" derivano dalla convinzione, che ha precise origini medievali, che l'*arte* sia "debolissima" rispetto alla *natura* e che essa si risolva in un tentativo di imitarne l'opera: "la natura," afferma Biringuccio, "procede nelle cose intrinsecamente e con ogni sua radical possanza passa tutto nel tutto e l'arte, debolissima rispetto ad essa, la segue, per veder d'imitarla, ma va per vie esteriori e superficiali".[76] La polemica contro la tradizione magico-alchimistica acquisterà un ben diverso significato quando, in Bacone e in Cartesio, apparirà fondata sulla tesi della identità fra i prodotti dell'arte e quelli della natura: le "vie dell'arte" non appariranno *esteriori e superficiali* né apparirà più condannato al fallimento il tentativo di *trasformare* la realtà naturale attraverso una conoscenza dei suoi comportamenti e delle sue leggi.

Se dalla *Pirotechnia* del Biringuccio passiamo ora alle opere di Giorgio Agricola[77] troviamo presenti in esse alcu-

[76] V. BIRINGUCCIO, *Pirotechnia*, cit., p. 5v. Notevole l'affermazione di p. 8r: "So che li alchimisti che si parli in detrattion della lor arte l'han per male... Son contento d'havergli fatto questa poca d'ingiuria perché forse a qualche valente filosofo alchimista, per mostrare al mondo la mia ignoranza, gli verrà voglia di trarre a luce, se non l'opra fatta, almeno le ragioni aperte dell'arte...". Per una più ampia discussione del rapporto arte-natura, cfr., qui di seguito, l'appendice prima.

[77] Le opere di Agricola furono pubblicate a Basilea negli anni indicati nel testo ed ebbero numerosissime ristampe. L'edizione critica è G. AGRICOLA, *Ausgewählte Werke*: Band I: *G. Agricola und seine Zeit*, von H. Wilsdorf; Band II: *Bermannus oder über den Bergbau*; Band III: *Schriften zur Mineralogie und Geologie*, I; Band IV: *Schriften zur Mineralogie und Geologie*, II, Berlin 1955-58. Su Agricola e sugli sviluppi dell'arte mineraria e della metallurgia fino al suo tempo è ora da vedere la limpida esposizione di B. DIBNER, *Agricola on Metals*, Norwalk 1958. Le indicazioni e le citazioni che seguono sono tratte dalle seguenti edizioni, in traduzione italiana: *Di* GIOR-

ni dei motivi sui quali già il Biringuccio aveva insistito. A differenza di quest'ultimo autore Agricola (Giorgio Bauer) è uomo di vasta cultura e di larghi interessi; era nato a Glachau, in Sassonia, nel 1494 e aveva studiato a Lipsia, a Bologna e a Venezia. Nel 1527 aveva cominciato a esercitare la professione di medico a Joachimstal, in Boemia, una zona cioè che era, in quel tempo, la maggiore area mineraria d'Europa. Godette, in vita, della stima di Erasmo, di Fabricio e di Melantone, fu borgomastro di Chemnitz, e incaricato di varie missioni politiche presso l'imperatore Carlo e il re Ferdinando d'Austria. Il *De ortu et causis subterraneorum,* e il *De natura fossilium,* entrambi pubblicati nel 1546, sono i primi trattati sistematici di geologia e mineralogia. Il *De re metallica,* pubblicato nel 1556, un anno dopo la morte del suo autore, restò per due secoli l'opera fondamentale e insuperata di tecnica mineraria. Il libro era apparso negli stessi anni in cui le miniere del Centro e del Sud America stavano raggiungendo uno sviluppo prodigioso. Nel Potosì, che fornì oro e argento a tutta Europa, l'opera di Agricola sarà considerata una specie di Bibbia e i preti attaccheranno il *De re metallica* agli altari delle chiese in modo che i minatori venissero a compiere le loro devozioni ogni qualvolta dovevano risolvere un problema tecnico.[78]

Nell'opera di Agricola troviamo presente, in primo luogo, la consapevolezza di una profonda crisi culturale: essa appare caratterizzata per un verso da un secolare disinteresse per lo "studio delle cose" e per l'osservazione dei fenomeni naturali e, per l'altro, da un processo di lenta degenerazione del linguaggio scientifico nel quale, alla chiarezza terminologica dell'epoca classica, si è sostituita una

GIO AGRICOLA, *De la generazione delle cose che sotto la terra sono e de le cause de' loro effetti e nature libri* V, *De la natura di quelle cose che da la terra scorrono libri* IV; *De la natura de le cose fossili che sotto la terra si cavano libri* X; *De le miniere antiche e moderne libri* II; *il Bermanno o de le cose metalliche,* Venezia, M. Tramezino, 1550; *Opera di* GIORGIO AGRICOLA *de l'arte de metalli partita in* XII *libri ne' quali si descrivono tutte le qualità degli uffizii, degli strumenti, delle macchine e di tutte l'altre cose attinenti a cotal arte, non pure con parole chiare, ma eziandio si mettono a luoghi loro le figure di dette cose ritratte al naturale con l'aggiunta de nomi di quelle cotanto chiari e spediti che meglio non si può desiderare o havere. Tradotti in lingua toscana da M. Michelangelo Florio Fiorentino,* in Basilea, per Hieronimo Frobenio et Nicolao Episcopio, 1563.

78 Cfr. J.U. NEF, *La naissance de la civilisation industrielle,* cit., p. 115.

barbarie linguistica che non consente più una facile comunicazione. L'uso di nomi "disutati e strani" ha "miseramente ottenebrato tutte le arti... e già s'appressava un comune interito e disfacimento di tutte, se la providentia divina non vi rimediava". A questo aspetto della decadenza delle scienze della natura ha posto rimedio, secondo Agricola, il rifiorire del latino classico in Italia e il rinascere dell'eloquenza per opera degli umanisti. Più grave gli appare la situazione per quanto concerne il primo punto: "La cognitione delle cose, che è così ampia, anzi che abbraccia tutto quanto si può co' sentimenti e con l'animo comprendere, anchora in gran parte spreggiata giace. Perché, lasciando dire di molte altre cose, assai molte sono quelle che ne le spetie particulari de gli animali, ne le piante e ne l'altre cose che dentro di sé la terra genera, ci sono del tutto ascose et incognite".[79] Ciò che Agricola intende difendere e risuscitare è proprio lo studio delle cose naturali perché è attraverso lo studio della natura, egli dice, che l'uomo può raggiungere fini più nobili e più alti di quelli che la natura stessa sembra aver assegnato alla sua specie.[80] Nella prefazione al *De re metallica* egli chiariva come la sua opera traesse origine da un atteggiamento di scrupolosa diligenza: "Grandissima fatica e sollecitudine di vero io ci ho messa et qualche buona spesa anchora, perciò che io non ho pure descritte le vene, gli strumenti, i canali, le macchine e le fornaci, ma eziandio a spese mie ho salariato i dipintori per farne i ritratti naturali, a finché le cose non conosciute che si danno a intendere con parole non rechino difficoltà veruna alle persone al dì d'hoggi o de tempi a venire".[81]

L'atteggiamento qui assunto da Agricola ha una parentela assai stretta con quello che, una ventina d'anni prima, era stato assunto dal Vesalio in un differente campo di ricerca. Nell'uno e nell'altro autore troviamo presente la convinzione che la situazione di un determinato campo del sapere richiede, per essere migliorata e modificata, una vasta opera di osservazione e di descrizione dei dati di fatto. Ta-

[79] G. AGRICOLA, *De la generatione delle cose*, cit., pp. 519-520.

[80] "Sono tutte le cose eccellenti state sempre degne di diligentemente contemplarsi; ma, più che tutte le altre, le naturali perché con la cognitione di loro pareva che l'huomo acquistasse non so che più di quello che pare sia stato dato a la spetie de gli huomini" (*De la generatione*, cit., p. 510).

[81] *De l'arte dei metalli*, cit., p. 6, prefazione.

le descrizione dev'essere sistematica, analitica, meticolosa. Essa richiede speciali tecniche illustrative il cui scopo fondamentale è quello di tradurre i risultati dell'osservazione in immagini grafiche il più possibile chiare e comprensibili. Questo desiderio di chiarezza, questa precisa volontà di evitare gli equivoci, di allontanarsi coscientemente dal fiabesco è ciò che accomuna un'opera come il *De Fabrica* di Vesalio al *De re metallica* di Agricola. In nessuna delle due è certo possibile vedere la nascita di un metodo nuovo consapevole delle sue implicazioni e capace di apportare modificazioni alla sistemazione teorica di determinate scienze. Il loro significato è da vedersi altrove: nella capacità, mediante un "ricorso alla natura" e l'elaborazione di tecniche descrittive comunicabili, di porre in crisi i quadri tradizionali di un sapere nel quale la *osservazione sistematica* si presentava come un'attività "marginale" o "secondaria".[82] Basta volgersi a quegli erbari o bestiari o raccolte di fatti naturali di cui abbonda la letteratura medievale o considerare quelle elencazioni e descrizioni di animali, di piante, di metalli, di pietre largamente diffuse negli anni stessi in cui Agricola pubblicava la sua opera per rendersi conto della profonda distanza che separa l'atteggiamento di Agricola da quello presente in quelle enciclopedie naturali contro le quali egli aveva assunto una posizione nettamente polemica. In queste enciclopedie ciò che importa è la descrizione delle "cose segrete e rare"; i fatti sui quali si insiste sono quelli eccezionali, curiosi, fuori dell'ordinario: gli animali dell'araldica sono elencati fra le bestie reali, le creature vi-

[82] Per una considerazione dell'opera di Vesalio che tiene conto di questi aspetti cfr. A.R. HALL, *The Scientific Revolution*, cit., p. 51: "The normal development of any established department of science may be, and indeed usually is, conditioned in large part by its conceptual structure. In exceptional situations, however... the apprehensions of the import of a whole group of facts may force a crisis... Through the effort of Vesalius... there was introduced into biological science for the first time an acute sense of the importance of minutiae, of the mastery of special methods, and of precise and full reporting observations". Sulla importanza delle *illustrazioni* in vista della formazione di un abito all'osservazione precisa cfr. G. SARTON, *The Appreciation of Ancient and Medieval Science during the Renaissance*, cit., p. 93: "The Illustrations were not simply valuable in themselves; their existence close to the text must eventually lead to the correction of the latter. It became more and more objectionable to reproduce stereotyped words in the vicinity of correct images".

venti sono classificate in base all'elemento nel quale vivono (l'aria per gli uccelli, l'acqua per i pesci, il fuoco per la salamandra), il materiale è attinto, quasi esclusivamente, dalle fonti classiche e si introducono leggende, si creano fantastiche etimologie. La *Minera del Mondo* di Giovanni Maria Bonardo, pubblicata a Venezia nel 1589, può essere assunta a tipico esempio di questo genere di letteratura.[83] La preferenza per le cose "rare e secrete" era denunciata fino dal titolo. In ordine alfabetico venivano presentati i monti, i bagni, i laghi, i metalli, le gemme, gli alberi, le piante, i vermi, le "bestiole minute", i serpi, i pesci, gli uccelli. Ma la assoluta asistematicità, la incapacità di far confluire le osservazioni intorno a un sapere organizzato, la accettazione indiscriminata di una tradizione di tipo letterario, danno a libri come questo un caratteristico tono di fiaba: "Sopra la montagna Palombra è una fontana meravigliosa che chi ne bee non ha mai mal alcuno e sempre, mentre vive, par giovane".[84] Anche là dove predomina un intento descrittivo, quest'ultimo appare sempre intrecciato con il rilievo dei fatti "meravigliosi". Da questo punto di vista è tipica la descrizione dell'ambra offerta dal Bonardo alla considerazione dei lettori: "L'ambra... tira a sé le foglie, le paglie, le fimbrie e gl'orli delle vestimenta, stropicciata prima con panno. Ma chi unge le paglie e le fimbrie prima con aglio non le può tirare. Manifesta i veleni in due modi, per aver questa proprietà dalla natura, cioè stridendo e mandando fuori certi segni a guisa d'arco baleno... Se si vuol sapere se la moglie è corrotta, si lascia star nell'acque per tre giorni, poi si dà a bere".[85] Né si trattava di "superstizioni popolari", ma della ripresa di temi che avevano trovato precisa espressione nella trattatistica tradizionale sulle pietre e sulle gemme. Se ci volgiamo a un altro, ben più celebre e diffuso libro pubblicato in Inghilterra nel 1576, ci troviamo in presenza di atteggiamenti assai simili a quelli del Bonardo. Il volume di John Maplet, al quale ci riferiamo, è intitolato *La verde foresta,* dove possono essere osservate, disposte in ordine alfabetico, le virtù sovrane di tutte le spe-

[83] *La Minera del Mondo dell'ill. Signore Gio. Maria Bonardo nella quale si tratta delle cose più segrete e più rare de' corpi semplici nel mondo elementare e de' corpi composti inanimati et animati,* Venezia 1589.
[84] Ivi, p. 10.
[85] Ivi, p. 19.

cie di pietre, di metalli, poi delle piante e delle erbe, degli alberi e degli arbusti, e infine degli animali bruti uccelli, vermi striscianti e serpenti. Il termine *natural history* era qui usato, in inglese, per la prima volta, ma si trattava di una enciclopedia di schietto sapore medievale, compilata in gran parte sul *De proprietatibus rerum* di Bartolomeo l'Inglese e nella quale erano riprodotte le fantastiche etimologie di Isidoro di Siviglia: "the cat in Latin is called catus, as if you woulde say *cautas*, warie or wise".[86]

L'atteggiamento verso la realtà naturale assunto da Agricola è assolutamente antitetico a quello ora delineato e, per rendersene conto, bisognerebbe prendere in esame le sue precise e lucide classificazioni più ancora delle sue dichiarazioni programmatiche che pure hanno toni assai espliciti: "Io non ho scritto cosa niuna la quale non habbia veduta o letta o con accuratissima diligenza esaminata quando che da altrui mi sia stata raccontata".[87] Le critiche che Agricola muove ai procedimenti dell'alchimia sono, da questo punto di vista, particolarmente interessanti e assai più decise di quelle del Biringuccio.[88] Secondo Agricola l'arte dei metalli è stata finora assai poco coltivata. Fra i pochissimi autori che hanno trattato seriamente delle caratteristiche dei vari metalli, della struttura dei terreni metalliferi, dei procedimenti necessari per procedere all'estrazione dei metalli dal sottosuolo egli ricorda Biringuccio, ma proprio la scarsità di queste ricerche gli fa apparire assai strano il fatto "che si trovino tanti alchimisti i quali dell'artifizio di mutare un metallo in un altro abbiano scritto". Agricola non osa negare esplicitamente la possibilità di una trasmuta-

[86] J. Maplet, *A Greene Forest, wherein may be seene the soveraigne virtues of all kinds of stones and metals, next of plants as of herbes, trees and shrubs; lastly of brute beasts, fowls, creeping wormes and serpents, and that alphabetically,* London 1576. La citazione è tratta da C.T. Onions *Natural History,* in *Shakespeare's England,* Oxford 1950, I, p. 477.

[87] G. Agricola, *De l'arte dei metalli*, cit., p. 6, prefazione.

[88] Sulle incertezze del Biringuccio nei confronti dell'alchimia dà una precisa testimonianza (che non credo sia mai stata notata) lo storico Benedetto Varchi. "Con M. Vannoccio Biringuccio Senese, al quale fui amicissimo, ne parlai già in Firenze dell'alchimia mentre che egli lavorava quell'Artiglieria grande che si chiamò poi volgarmente l'*Archibuso* del Signor Malatesta... et in somma egli parlava dell'Alchimia molto confuso et irresolutissimo come si vede ancora che egli fa ne' suoi scritti" (B. Varchi, *Questione sull'alchimia,* Firenze 1827, pp. 63-64).

zione dei metalli, ma non manca di assumere, di fronte alle pretese alchimistiche, un atteggiamento di aperta ironia: "Questi tai maestri hanno mostrato ai lor discepoli una strada, per la quale camminando, guastano i metalli vili cotti in vari modi e quasi gli tornano nella materia prima e in questa guisa gli tolgono il suo naturale et danno loro quel che la natura gli niega e fanno i metalli preziosi cioè oro e argento... Dicendoci tanti scrittori d'esser giunti al termine disegnato, pare che gli si debba dar fede, ma d'altra parte, veggendo noi chiaramente che niuno di tal arte s'è arricchito, né s'arricchisce al dì d'oggi, quantunque in ogni luogo del mondo si trovino molti di loro i quali tutti... con le mani e co' piedi contendono di poter fare le montagne d'oro e d'argento, pare che la cosa sia molto dubbia e sospettosa... altrimenti oggimai egli avrebbono ripiene le città et le castella d'oro et d'argento". Ma non è in questa ironia verso un'attività nella quale continueranno a mostrare fiducia uomini culturalmente assai più significativi di Agricola che sta il significato più profondo della sua critica. Essa colpisce infatti molto più profondamente quando insiste sulla voluta oscurità di linguaggio e sulla arbitrarietà della terminologia alchimistica. Contro questa arbitrarietà Agricola protesta in nome di un sapere che sia comunicabile e il cui linguaggio abbia i caratteri della precisione e della intersoggettività: "Molti libri si truovano di questa cosa, ma tutti scuri; perché questi scrittori non chiamano le cose con li propri nomi e vocaboli, ma con istrani e trovati di lor capo et chi l'uno et chi l'altro se n'è finto d'una stessa cosa". Ciò che egli energicamente rifiuta è, soprattutto, la trasformazione della ricerca sulla natura in un tentativo di suscitare stupore e meraviglia, di piegare la ricerca scientifica a fini di gloria personale: "Ma di vero la loro sciocchezza e balordaggine viene scoperta da' libri che essi mettono fuori con i titoli di Platone o di Aristotele o di qualche altro famoso filosofo per abbarbagliare gl'occhi de semplici con gran lustro di dottrina".[89]

Su questo piano il distacco con alcuni caratteristici atteggiamenti della alchimia è totale e, direi, definitivo. Alcuni caratteri della ricerca scientifica emergono negativa-

[89] Per le citazioni di questo paragrafo cfr. G. AGRICOLA, *De l'arte dei metalli*, cit., pp. 4-5, prefazione.

mente da una insistenza su quegli aspetti di precisione e di comunicabilità che sono indispensabili al sapere tecnico. In tutti, o quasi tutti, i testi alchimistici è presente la teorizzazione del linguaggio dell'alchimia come "occulto", "segreto" e "miracolosamente comunicabile". Solo ponendo mente alla persistenza di questo tema è possibile dare un senso preciso alle critiche mosse da Agricola. "Tutti i cultori di quest'arte, pur parlando in una qualunque guisa estranea e figurativa, si intendono reciprocamente, come se parlassero una sola lingua incomprensibile a tutti gli altri e vicendevolmente nota solo a loro stessi." Così uno dei testi più diffusi dell'alchimia medievale,[90] e la "estraneità" del linguaggio qui teorizzata non è in alcun modo concepita come derivante da un suo carattere tecnico, ma come nascente dall'impossibilità di comunicare le verità se non mediante un travaso di nozioni da anima ad anima che si effettua per vie miracolose e fuori dell'ordinario: "Questo è dunque il discorso dei filosofi alchimisti. Poiché esso è scritto in termini oscuri ed enigmatici e in figure inusitate e impossibili, cosa dovremo dire della ricerca del fine, dell'investigazione e del conseguimento dello stesso fine sulla base di questo genere di comunicazione? Questo conseguimento mi appare quasi impossibile, se non attraverso la viva voce e la divina ispirazione".[91] Su questi motivi si insisterà del resto, in pieno Rinascimento, anche da parte di chi, come Cornelio Agrippa, non era estraneo ai problemi tecnici e all'"invenzione di macchine".[92] Per comprendere il discor-

[90] M. PETRI BONI LOMBARDI FERRARIENSIS, *Introductio in artem Chemiæ integra, ab ipso authore inscripta Margarita Preciosa Novella, composita ante annos plus minus ducentos septuaginta,* Montisbeligardi, apud Jacobum Foillet, 1602, p. 132. Su quest'opera, composta a Pola nel 1330, e sulla sua diffusione cfr. L. THORNDIKE, *A History of Magic*, cit., vol. III, pp. 147-162.

[91] M. PETRI BONI, *Introductio in artem Chemiæ*, cit., p. 123. Ma si veda un passo molto significativo a p. 157: "Nunc dicimus et vere firmamus quod nullus antiquorum, a primo homine usque ad ultimum, potuisset secretum istius artis divinum adinvenire suo ingenio naturali secundum rationem naturalem solam nec secundum experientiam, cum ipsum supra rationem et experientiam consistat ut quid divinum occultum".

[92] Cfr. in H.C. AGRIPPA, *Opera,* Lugduni, per Beringos Fratres, 1600, vol. II, p. 863, lettera del settembre 1526 (*Ep.* IV, 44): "Vero scribo nunc pyromachiam et non tam scribo, quam ipsa experimenta ostendo; jamque habeo apud me non modicis sumptibus paratos architecturæ et bellicarum machinarum meæ inventionis. Modulos admodum utiles simul et per-

so magico, è necessario far ricorso a un fidato maestro che farà uso di parole sacre: "Altro è il senso da quello che è trasmesso mediante le lettere: velato da molti misteri e non ancora apertamente spiegato da alcuni dei Maestri. E non so se qualcuno, senza un fidato ed esperto Maestro, possa comprendere un tale senso mediante la sola lettura dei libri, salvo che esso non sia illustrato dal divino nome, cosa che è concessa a pochissimi. Queste cose infatti non vengono affidate alle lettere, né scritte con la penna, ma vengono infuse dallo spirito allo spirito mediante parole sacre".[93]

Ove si abbia presente il peso di impostazioni di questo tipo nella cultura del Rinascimento, l'atteggiamento assunto da Agricola verso la tradizione alchimistica appare storicamente più significativo di quanto non si potrebbe ritenere a prima vista. Varie cose sono da ricordare: che fra i "filosofi" contemporanei di Agrippa sono presenti figure come quelle di Patrizzi, Paracelso, Cardano, Della Porta; che la tradizione alchimistica appare largamente dominante in tutta la trattatistica che si riferisce ai "metalli"; che di fronte a questo problema gli stessi cultori di problemi strettamente tecnici avevano assunto posizioni assai meno avanzate di quelle dell'Agricola.

C'è infine un terzo tema che Agricola, nel *De re metallica,* affronta con molta chiarezza e precisione e che ha una notevole portata culturale: è quello della difesa dell'arte dei metalli dall'accusa di essere "indegna e vile" in confronto alle arti liberali. Le due accuse dalle quali Agricola intende difendersi sono: *a*) quella che sostiene che l'arte metallifera sia "cosa di fortuna o nasca da la sorte"; *b*) quella secondo la quale essa è un lavoro servile "vergognoso e disonesto per l'huomo libero cioè per il gentiluomo honesto e honorevole". La prima accusa tende a ridurre l'attività del tecnico sul piano di un lavoro manuale che "ha più bisogno di fatica e di ingegno che di sapere" e dal quale dev'essere quindi estranea ogni pretesa di scientificità. La seconda accusa, che rispecchia un'opinione che risale ad Aristotele, giunge allo stesso risultato

niciosos et quales hactenus (quod sciam) nostra non vidit ætas". Ma cfr. anche vol. II, p. 910 (*Ep.* V, 20) del dicembre 1527: "Mittimus tibi cum residuis machinis pontem nostrum, opus quidem rude et abortivum ac proportione carens, ingenio tamen et industria facilitateque haud contemnendum".

[93] H.C. AGRIPPA, *Opera*, cit., vol. II, p. 904.

contrapponendo alla tecnica, intesa come lavoro manuale, una scienza concepita come disinteressata contemplazione di verità concettuali. Alla duplice accusa Agricola reagisce mostrando come l'attività del "tecnico" implica tutta una serie di rapporti con le varie scienze e non può andar disgiunta da una effettiva padronanza dei vari campi del sapere. Il "metalliere" dovrà in primo luogo esser esperto nella individuazione del terreno, dovrà distinguere perfettamente le vene, le varie specie di pietre gemme e metalli, dovrà conoscere infine "tutti quanti li artifizi di fare esperimenti ce la materia che ha per le mani". Ma gli saranno egualmente necessarie la filosofia "a fine che conosca il nascimento, le cause e le nature de le cose di sotterra"; la medicina "a ciò che provveder possa che i cavatori et altri lavoranti non caschino in quelle malattie nelle quali sopra tutte l'altre in cotal mestiere son atti a cadere"; l'arte delle misure, l'abbaco, l'architettura "per poter fare egli stesso le macchine e l'armadure, over dar meglio ad intendere ad altri il modo di farle"; l'arte del disegno e finalmente le leggi e il diritto.[94] Il lavoro del tecnico non può dunque in alcun modo andar disgiunto da quello degli scienziati e, a chi si fonda sulla contrapposizione fra liberi e servi per contrapporre la ricerca scientifica al lavoro del tecnico, Agricola risponde che anche l'agricoltura fu praticata un tempo dagli schiavi ed è ora praticata anche dagli infedeli, che all'architettura contribuirono servi, che non pochi illustri medici furono schiavi: "Ma quelli che vogliono parlare de l'arte dei metallieri per ismaccarla dicono che alcuni già per le sceleratezze loro sono stati condannati a cavar metalli e che essi, o altri che sono stati servi, hanno atteso a cavar le vene e che hora i metallieri sono mercenari e come altri lavoranti se ne stanno in un'arte brutta e sporca. Certamente se l'arte de metalli per questa cagione è vergognosa e disonesta a un huomo nobile perché già i servi cavarono i metalli, ne anco l'agricoltura sarà onesta... ne anco l'architettura perché alcuni servi l'han fatta, né la medicina perché non pochi medici sono stati servi; e quel che io dico di quest'arti si può dir di molte altre che sono state esercitate da molti già presi prigioni".[95]

[94] G. Agricola, *De l'arte dei metalli*, cit., p. 1.
[95] Ivi, p. 22.

Nei *Mechanicorum libri* di Guidobaldo del Monte (1545-1607), pubblicati a Pesaro nel 1577, troviamo, fondata su ragioni non dissimili da quelle avanzate dall'Agricola, un'altrettanto appassionata difesa della dignità delle arti meccaniche: "Ma percioché questa parola Mechaniche non verrà forse intesa da ciascheduno per lo suo vero significato, anzi troveransi di quelli che stimeranno lei essere voce d'ingiuria (solendosi in molte parti d'Italia dire ad altrui Mechanico per ischerno et villania, et alcuni per essere chiamati Ingegnieri si prendono sdegno), non sarà fuor di proposito ricordare che Mechanico è vocabolo honoratissimo... convenevole ad huomo di alto affare et che sappia con le sue mani et co'l senno mandare ad esecutione opere meravigliose a singolare utilità et diletto del vivere humano".[96] Pur rifacendosi indifferentemente sia ai problemi di meccanica pseudoaristotelici, sia ad Archimede, Guidobaldo si preoccupava di rivendicare, contro un famoso passo di Plutarco, il carattere integralmente meccanico dell'opera archimedea: "Quantunque Plutarco, nella stessa vita, affermi che egli dispregiasse le Meccaniche come basse et vili et materiali, né di loro degnasse scrivere giammai, et che non per opera principale, ma per un cotal sollazzo et gioco di geometria impiegava la fatica nelle Meccaniche... leggiamo noi tuttavia in altri autori lui havere dettato un libro della misura et proportione d'ogni maniera di vasello divinando la forma della gran nave fabricata da Hierone, et Pappo Alessandrino allega il libro della bilancia d'Archimede che è più mechanico tutto, e l'istesso, nell'ottavo delle raccolte matematiche, pone un istrumento da mover pesi mostrando essere il quarantesimo trovato da Archimede...; il suo libro sulle cose che egualmente pesano è tutto mechanico. Oltre a ciò una parte del libro della quadratura della parabola e il secondo delle cose che stanno sopra l'acqua, ovvero a galla, sono mechanici. Da questi luoghi vedesi espresso che

[96] GUIDOBALDO DEL MONTE, *Mechanicorum libri VI*, Pesaro 1577. Le citazioni riportate nel testo sono tratte dalla seguente edizione in traduzione italiana: *Le Mecaniche dell'illustrissimo sig. Guido Ubaldo de' Marchesi del Monte, tradotte in volgare dal sig. Filippo Pigafetta, nelle quali si contiene la vera dottrina di tutti gli istrumenti principali da mover pesi grandissimi con picciola forza,* in Venetia, appresso Francesco di Franceschi Senese, 1581. Cfr. per questa e le due citazioni immediatamente seguenti le pagine non numerate della dedica: *Guidobaldo a' lettori*.

non solamente Archimede fece opere mechaniche, ma ne scrisse anco molti trattati". Lo stesso Plutarco, del resto, ha dovuto riconoscere che la fama di Archimede è legata alle sue imprese meccaniche mediante le quali egli si procacciò fama "non di scienza umana, ma di sapienza divina". L'errore di Plutarco deriva, ancora una volta, da un pregiudizio contro le arti.

Per distruggere tale pregiudizio Guidobaldo fa notare come utilità e nobiltà concorrano insieme ad adornare le discipline meccaniche e come queste traggano origine dall'armonico congiungimento e dalla comunione concorde della geometria e della fisica. Nella meccanica la geometria giunge a suo pieno compimento e mediante la meccanica l'uomo giunge a dominare le cose fisiche e naturali. Quanto è di aiuto agli artigiani, agli artisti, ai contadini, ai marinai: tutto ciò rientra nel regno della meccanica. Dal suo sviluppo e dal suo progredire nel tempo son derivati all'uomo l'aratro e i mezzi di trasporto per le mercanzie, i remi e il timone, i mezzi per sollevare l'acqua per irrigare i campi, la spremitura dell'olio e del vino, il taglio degli alberi e del marmo, le tecniche della fortificazione e dell'assedio.

Sulla traccia delle *Quæstiones* pseudoaristoteliche, Guidobaldo concepisce la natura come una realtà che può essere dominata, quasi ingannata per astuzia dall'intelligenza e dal lavoro, fino alla realizzazione di quei "miracoli" attuati dall'arte che non rientrano nell'ordine immediatamente "naturale" delle cose: "L'essere mechanico dunque et ingegniero è officio da persona degna et signorile, et mechanico è voce greca significante cosa fatta con artificio da movere, come per miracolo, et fuori dell'humana possanza, grandissimi pesi con picciola forza; et in generale comprende ciascun edificio, ordigno, strumento, argano, mangano overo ingegno maestrevolmente ritrovato et lavorato per cotali effetti et simili altri infiniti, in qual si voglia scienza, arte et esercitio".[97] Questa stessa concezione del rapporto arte-natura – contro la quale polemizzerà Galileo – compare anche nella prefazione premessa da Filippo Pigafetta all'edizione in volgare dell'opera di Guidobaldo, pubblicata a Venezia nel 1581. La meccanica non ha solo il compito di sforzare i cor-

[97] Guidobaldo del Monte, *Le Mecaniche*, cit., *Guidobaldo a' lettori.*

pi “per via di machine a partirsi dai propri siti” e di trasportarli “all’insù et per ogni lato in movimenti contrari alla natura loro”, essa deve occuparsi anche “degli elementi in universale et del moto et della quiete dei corpi”; si realizza in tal modo, attraverso l’opera dei meccanici, una sintesi “di altissima speculatione et di sottile manifattura”. Nella “speculatione” il meccanico si serve “dell’aritmetica, della geometria, dell’astrologia e della filosofia naturale”, nella “manifattura” egli ha necessità dell’“esercitio et lavoro delle mani” e userà “l’architettura, la pittura, il disegno, l’arte dei fabri, de’ legnaiuoli, de’ muratori et d’altri mestieri”. Filosofia naturale, matematiche e arti manuali concorrono in tal modo, nell’opera del meccanico, a un unico fine. Da “arte povera e vile” Archimede trasformò la meccanica in arte “nobile et pregiata” e ad Archimede fanno appello quanti, da Leon Battista Alberti a Giorgio Agricola a Guidobaldo hanno contribuito a “risuscitare a chiara luce la Mechanica dalle oscure tenebre ove giaceva sepolta”.[98]

Le *Diverse et artificiose macchine* di Agostino Ramelli, ingegnere del re di Francia e di Polonia, furono pubblicate a Parigi nel 1588 in un’edizione bilingue (italiana e francese) splendidamente illustrata.[99] Il Ramelli tiene in assai scarsa considerazione il problema della effettiva eseguibilità dei suoi complicati progetti, ma insiste anch’egli, con forza, sulla necessità di un “congiungimento” di matematica e di meccanica. Nella *Prefazione* all’opera, che è dedicata all’“eccellenza delle matematiche”, Ramelli contrappone alla varietà delle opinioni dei filosofi (“la contesa grande fra li filosofi intorno alli principi delle cose naturali”) la certezza e la infallibilità delle ragioni matematiche. Sui principi della natura “a pena tre o quattro filosofi s’accordarono in tal materia, ma se dai matematici nella geometria o nell’arithmetica vien con ragione confirmata cosa alcuna, ciò stimiamo

[98] GUIDOBALDO DEL MONTE, *Le Mecaniche*, cit., *Dedica* del Pigafetta (pagine non numerate).

[99] *Le diverse et artificiose Machine del capitano Agostino Ramelli del Ponte della Tresia ingegniero del Christianissimo Re di Francia et di Polonia, nelle quali si contengono varii et industriosi movimenti degni di grandissima speculatione per cavarne beneficio infinito in ogni sorte d’operatione. Composte in lingua italiana et francese,* a Parigi, in casa dell’Autore, 1588. Tutte le citazioni riportate nel testo sono tratte dalle pagine non numerate della *Prefatione*.

tanto infallibile e sicuro, come se fosse detto dall'Oracolo d'Apolline".

Ramelli vede nell'arte meccanica la fonte, l'origine del progresso umano, il segno del passaggio dallo stato primitivo allo stato civile: "nelli stessi principi del mondo tanto fu necessaria a gli huomini, che s'ella fusse stata levata, sarè parso fusse rimasta estinta la luce del sole". Ma quest'appello alle "ragioni matematiche" – che abbiam visto presente negli scritti di Guidobaldo del Monte e di Ramelli – non ha ovunque lo stesso significato. Nel suo commento a Vitruvio (1556), Daniele Barbaro faceva appello alla matematica per stabilire la maggiore o minore "scientificità" di un determinato ramo del sapere, ma – a differenza di quanto aveva cercato di fare in altre sue pagine – egli finiva per reintrodurre proprio qui la distinzione fra tecnica e scienza e per separare nuovamente il "discorso" e le "ragioni" dalla "pratica" e dalla "prontezza della mano": "le arti che servono con dignità e grandezza alla commodità et uso dei mortali – com'è l'arte di andar per mare detta navigazione, l'arte militare, l'arte del fabricare, la medicina, l'agricoltura, la venatione, la pittura, scultura e altre simiglianti – in due modi si possono considerare. Prima come discorreno et con vie ragionevoli trovando vanno le cagioni et le regole dell'operare; da poi come con prontezza di mano s'affaticano in qualche materia esteriore. Di qui nasce che alcune arti hanno più della scienza e altre meno. Ma a conoscer l'arti più degne, questa è la via: che quelle, nelle quali fa bisogno l'arte del numerare la geometria e la mathematica, tutte hanno del grande. Il rimanente senza le dette arti (come dice Platone) è vile et abietto, come cosa nata da semplice immaginazione, fallace coniettura et dal vero abbandonata isperientia".[100] Il riferimento a Platone non è casuale. Barbaro innalzerà un inno alla "forza della proportione", alla "divina forza dei numeri" e alla "convenevolezza del peso del numero e della misura" che presiedono alla "fabrica di questa università, che noi mondo chiamiamo" e regolano "il tempo, lo spatio, i movimenti, le virtù, la favella, lo artificio, la natura, il sapere".[101] Ma nel suo platonismo l'immagine della meccanica come *sintesi* di "al-

[100] *I dieci libri dell'Architettura di Vitruvio tradotti e commentati da Monsignor Barbaro,* in Venetia, per Francesco Marcolini, 1556, p. 7.

[101] Ivi, p. 57. La migliore bibliografia degli scritti di Barbaro e su Bar-

tissima speculatione" e di "sottile manifattura" risultava distrutta: per Barbaro la difesa delle arti meccaniche si risolveva in un tentativo di mostrare come esse, in realtà, fossero "liberali", legate alle ragioni della matematica più che al lavoro delle mani.

L'unione effettiva di "discorso" e di "pratica", di "speculatione" e "manifattura" presentava in realtà problemi non indifferenti. Della loro importanza e della loro portata metodologica si rese per esempio perfettamente conto un ingegnere come Bonaiuto Lorini che prestò servizio come tecnico di guerra presso Cosimo dei Medici e presso la Repubblica di Venezia. In una pagina del suo trattato *Delle fortificationi* (Venezia 1597) egli affrontava il problema del rapporto fra il lavoro del "puro matematico speculativo" e quello del "meccanico pratico". Le dimostrazioni e le proporzioni che vengon trovate dal matematico "tra le linee superficie e corpi immaginari e separati dalla materia, non rispondono così esquisitamente quando alle cose materiali si applicano", perché i concetti con i quali opera il matematico "non sono sottoposti a quegli impedimenti che di sua natura sempre porta congiunti la materia con che opera il meccanico". Il giudizio e l'abilità del meccanico consiste nel saper prevedere le difficoltà derivanti dalla diversità della materia con la quale si deve operare e questo è tanto più difficile in quanto "di tali impedimenti accidentali" non si possono offrire regole sicure. "L'istessa materia potria apportare impedimento grandissimo, come saria nel dover far muovere ruote materiali intorno ai suoi assi, che dall'inegual suo proprio peso possono essere impedite; e massime ancora sostentandosi sopra tali assi, over poli, non ben giusti né concentrati, il che tutto può apportar difficoltà al moto. Dove che il puro matematico se le immagina di niuna gravità e legate intorno a linee e punti indivisibili."[102]

Su questo problema dei rapporti fra le "imperfezzioni della materia" e le "purissime dimostrazioni matematiche" si apriranno i *Discorsi intorno a due nuove scienze* di Galileo Galilei.

baro è nell'edizione russa *Desiat knig ob arkhitectouré Vitrouvia s commentariem Daniele Barbaro,* curata da V.P. Zoubov in collaborazione con altri studiosi e edita nel 1938.

[102] Bonaiuto Lorini, *Delle fortificazioni,* Venezia 1597, p. 172.

Capitolo secondo

L'idea di progresso scientifico

1. *La rivoluzione scientifica*

Attraverso la grande rivoluzione scientifica e filosofica del secolo XVII si è andato formando e rafforzando un determinato modo di concepire la scienza che, pur da molte parti e per varie ragioni insidiato, appare tuttora presente e operante nella cultura del mondo contemporaneo. Che la scienza sia una lenta costruzione non mai finita alla quale ciascuno, nei limiti delle sue forze e delle sue capacità, può portare il suo contributo; che al progredire della scienza sia essenziale la collaborazione e la cooperazione e quindi la creazione di appositi "istituti" sociali e linguistici; che la ricerca scientifica abbia come fine non il vantaggio di una singola persona o razza o gruppo, ma quello dell'intero genere umano; che in ogni caso lo sviluppo o la crescita della ricerca stessa sia qualcosa di più importante delle persone singole che la pongono in atto: queste, oggi *diventate* verità di senso comune, sono alcune fra le componenti essenziali di una considerazione della scienza che ha precise origini storiche. Essa è assente nelle grandi concezioni religiose dell'Oriente, nell'antichità classica, nella Scolastica medievale. Viene alla luce in Europa, come il più tipico prodotto della civiltà occidentale moderna, fra la metà del Cinquecento e la metà del Seicento.[1]

L'appello alla "natura" e all'"esperienza", così diffuso nella cultura del Rinascimento (ma quale tipo di sapere e

[1] E. ZILSEL, *La genesi del concetto di progresso scientifico*, in *Le radici del pensiero scientifico*, a cura di Ph. Wiener e A. Noland, Milano 1971, p. 260.

quale cultura non fanno appello a una certa "natura" e a una certa "esperienza"?); il rifiuto dell'autorità (di Aristotele, di Galeno, di Tolomeo) e la polemica con gli "antichi"; l'insistenza sulla necessità della osservazione, non implicano, in quanto tali, l'adesione a quest'ideale di una scienza che abbia carattere pubblico, democratico e collaborativo: che sia costituita cioè da contributi individuali organizzati nella forma di un discorso sistematico, offerti in vista di un successo generale che sia patrimonio di tutti.

Questa concezione della scienza – che trova per la prima volta espressione, su un piano "filosofico", nell'opera di Francesco Bacone – giuoca un ruolo decisivo e determinante nella formazione dell'idea di progresso giacché essa implica: *a*) la convinzione che il sapere scientifico sia qualcosa che aumenta e che cresce, che si attua cioè mediante un processo al quale contribuiscono, una dopo l'altra, le generazioni degli studiosi; *b*) la convinzione che questo processo non sia mai, in uno qualunque dei suoi momenti o tappe, "completo": cioè non più bisognoso di successive aggiunte o revisioni o integrazioni[2]; *c*) infine la convinzione che si dia in qualche modo un'*unica* tradizione scientifica, che la scienza cioè non si presenti come un insieme di teorie contrapposte e di *ismi,* ma come un processo nel quale anche le svolte più rivoluzionarie "salvano" il nucleo essenziale acquisito dalle generazioni precedenti, presentandosi come teorie più generali che includono le teorie "vecchie" come loro casi particolari.[3]

L'idea di progresso, e la considerazione del sapere scientifico dalla quale questa idea dipende, nacquero in Europa nel momento in cui una grandiosa quantità di scoperte veniva a modificare in profondità il modo di vivere e di pensare degli uomini dando l'impressione, vivissima nelle parole del Campanella, di un nuovo slancio dell'uomo che coincide con un accelerarsi della storia: v'è "più historia in cent'anni che non ebbe il mondo in quattromila; e più libri si fecero in questi cento che in cinquemila; e l'invenzioni stupende della calamita e stampe ed archibugi, gran segni dell'union del mondo".[4]

[2] Ivi, p. 261.

[3] Per una discussione di quest'ultimo punto cfr. L. GEYMONAT, *Filosofia e filosofia della scienza,* Milano 1960, pp. 111 sgg.

[4] T. CAMPANELLA, *Città del Sole*, a cura di N. Bobbio, Torino 1941, p. 109.

È il momento in cui la scoperta di nuove terre e l'allargamento dei confini del mondo dava modo di "sperimentare" e in qualche modo di toccar con mano la limitatezza delle dottrine degli antichi. E si va facendo sempre più chiaro il concetto – sul quale la filosofia umanistica aveva già a lungo insistito – che la loro filosofia e la loro scienza non sono raccolte di verità eterne, ma sono invece prodotti storici legati a un tempo e a un luogo determinati, valide e soddisfacenti e pienamente legittime *allora,* ma non più valide né soddisfacenti né legittime *oggi,* in una situazione nuova e diversa nella quale – di fronte a cose e a problemi nuovi – ci si pongono domande differenti che esigono diverse e più articolate risposte.[5] "I viaggi dell'epoca moderna," scrive Belleforest nella *Histoire des neuf rois Charles* (1567), "hanno mostrato che gli antichi astronomi e geografi hanno avuto scarso sapere e ancor minore esperienza giacché hanno avuto l'ardire di sostenere con fredde e frivole ragioni, che il mondo era inabitabile al di là dell'equatore. Felice il secolo nostro d'avere uomini come i nostri viaggiatori, e ancor più felici essi, per esser nati in un tempo in cui l'attività di uomini così eccellenti è stimata dai Re ed onorata da coloro che hanno mediocre fortuna".[6] Gli antichi, scrive il Le Roy nel 1575, credevano "che non si potesse passare facilmente dall'una all'altra zona temperata a causa della zona torrida; mediante i viaggi e le navigazioni ci si è invece resi conto che tutta la terra è abitata".[7] E Jacques Cartier: "i comuni navigatori dei nostri giorni, facendo vere esperienze, hanno conosciuto il contrario delle opinioni dei filosofi". Il motivo della limitatezza dell'orizzonte culturale degli antichi si congiungeva all'altro – sul quale ci siamo a lungo fermati – della superiorità della conoscenza sperimentale su quella libresca: "Ho visto uno dei nostri piloti, Jean de Meun, di Harfleur che, quantunque analfabeta, aveva fatto tali progressi

[5] R. Agricola, *De inventione dialectica,* I, 3: "Aristotelem... summum quidem hominem, sed hominem tamen fuisse puto". Su questo e simili passi e sul significato dell'opera degli umanisti sono da vedere i numerosi studi sull'argomento di E. Garin. In particolare cfr. *Medioevo e Rinascimento,* Bari 1954, pp. 207-210.

[6] Fr. de Belleforest, *L'histoire des neuf rois Charles de France,* Paris 1568, p. 417.

[7] Louis Le Roy, *De la vicissitude ou variété des choses en l'un vers,* Paris 1575, p. 6.

nell'arte della navigazione mediante le carte e gli astrolabi, che riduceva ogni volta al silenzio un uomo istruito che era imbarcato con noi e che parlava di teoria con aria di sufficienza. Non per questa ragione io condanno o biasimo la conoscenza acquistata nelle scuole attraverso i libri... Ma, senza tener conto dell'opinione di chicchessia, io vorrei chiedere che nessuno mi voglia mai persuadere di qualcosa che è contrario all'esperienza".[8]

Dal contatto con un nuovo mondo, dalla constatazione dell'esistenza di piante, di animali, di uomini prima sconosciuti, di una società non cristiana, di una convivenza di atei, di una primitiva innocenza ignara del peccato, trasse vita un nuovo empirismo legato al concetto di una "natura" non più omogenea e uniforme, ma diversa dall'una all'altra regione della terra: in ogni caso non più inseribile nei quadri del sapere tradizionale.[9] A questo concetto di una natura non più uniforme, corrispondeva però – in sede di considerazione storica ed etico-politica – il senso di una finalmente conquistata unità del mondo e del genere umano. Dopo l'allargamento dei confini del mondo – afferma Le Roy nella *Considération sur l'histoire universelle* del 1567 – gli eventi della storia umana non possono essere compresi che in un quadro unitario. Nella sua esaltazione della nuova età, Le Roy avvicinava, in modo significativo, le grandi invenzioni della tecnica e le grandi scoperte geografiche. Il rischiaramento delle menti che rivela la limitatezza e la insufficienza della sapienza degli antichi deriva per lui da questa duplice rivoluzione: dopo i viaggi e le scoperte "gli affari del mondo, legati e in reciproca corrispondenza, non pos-

[8] J. CARTIER, *Bref récit et succincte narration,* Paris 1545, p. 2; *Histoire d'un voyage en Brésil,* La Rochelle 1578, pp. 38-39.

[9] Cfr. I.B. COHEN, *La découverte du nouveau monde et la transformation de l'idée de la nature,* in *L'expérience scientifique au XVIe siècle,* Paris 1960, pp. 189-210. Su questi temi: G. CHINARD, *L'Amérique et le rêve exotique dans la littérature française au XVIIe et XVIIIe siècle,* Paris 1913; *L'exotisme américain dans la littérature française au XVIe siècle,* Paris 1911; G. ATKINSON, *The Extraordinary Voyage in French Literature before 1700,* New York 1920; *The Extraordinary Voyage in French Literature from 1700 to 1720,* Paris 1922; V. PINOT, *La Chine et la formation de l'esprit philosophique en France, 1640-1740,* Paris 1932. G. ATKINSON, *Les nouveaux horizons de la Renaissance française,* Paris 1935; R. ROMEO, *Le scoperte americane nella coscienza italiana del Cinquecento,* Milano-Napoli 1954; W. KAEGI, *Meditazioni storiche,* Bari 1960, pp. 216-237.

sono essere compresi né spiegati in una storia perfetta, gli uni senza gli altri. Sembra a molti che un tal legame e una tale generale corrispondenza dell'Europa, dell'Asia, dell'Africa e del Nuovo Mondo tenda a qualche effetto straordinario... Constatiamo che non c'è stato mai, nel passato, un secolo nel quale la cultura e le arti liberali siano giunte a una perfezione più grande di quella di oggi. Non al tempo di Ciro I nel quale vissero Pitagora e Talete; non al tempo di Alessandro il grande quando la Grecia produsse tutto ciò che ebbe di più alto nelle lettere, nelle armi e in tutte le arti; non al tempo di Augusto... non al tempo dei Saraceni, quando fiorirono Averroè, Avicenna, Abenzoar. Negli ultimi cento anni non solo son venute in evidenza cose che prima erano coperte dalle tenebre dell'ignoranza, ma sono state conosciute anche molte altre cose che gli antichi avevano completamente ignorato: nuovi mari, nuove terre, nuovi tipi di uomini, di abitudini, di leggi, di costumi, nuove erbe, alberi, minerali, nuove invenzioni come quella della stampa, dell'artiglieria e della bussola e lingue antiche sono state riscoperte".[10]

A dare il senso della limitatezza delle "verità" scoperte dagli antichi contribuì non poco anche la nuova astronomia. Allargando oltremisura i confini dell'universo, giungendo addirittura, in taluni casi, all'affermazione di un universo infinito, essa dette la sensazione precisa della fine di tutte le tradizionali vedute e considerazioni del cosmo.[11] "La nuova filosofia revoca tutto in dubbio", scriveva John Donne nel 1611, "l'elemento fuoco è quasi estinto; il sole è perduto e la terra, e l'ingegno di nessun uomo riesce bene a indicargli in che luogo cercarlo. Liberamente gli uomini confessano che questo mondo è consumato, quando nei pianeti e nel firmamento essi cercano tante cose nuove; allora vedono che esso è di nuovo sbriciolato nei suoi atomi. Tutto è a pezzi, ogni consistenza è scomparsa, ogni adeguata scorta e ogni relazione."

[10] L. LE ROY, *Considérations sur l'histoire universelle,* Paris 1567, pp. 8-9.

[11] Su questa crisi: E.M.W. TILLYARD, *The Elizabethan World Picture,* London 1943; V. HARRIS, *All Coherence Gone,* Chicago 1949; M.H. NICOLSON, *The Breaking of the Circle,* Evanston 1950; A. KOYRÉ, *Dal mondo chiuso all'universo infinito,* Milano 1970, pp. 29 sgg.

...new Philosophy calls all in doubt,
The Element of fire is quite put out;
The Sun is lost, and th'earth, and no mans wit
Can well direct him where to looke for it.
And freely men confesse that this world's spent,
When in the Planets, and the Firmament
They seeke so many new; then see that this
Is crumbled out againe to his Atomies.
'Tis all in peeces, all cohaerence gone;
All just supply, and all Relation.[12]

"Ci accorgiamo che non sappiamo nulla che non sia o non possa essere dibattuto," affermava Pierre Borel nel 1657 in un volume dedicato alle nuove scoperte astronomiche, "non ne è esente la stessa teologia e, quanto alle altre scienze ed arti, i volumi che abbiamo fan fede di ciò. Questo ha mosso i Pirroniani o Scettici a dubitare di ogni cosa e ha fatto nascere diversi libri sulla vanità delle scienze. L'astronomia, la medicina, la giurisprudenza, la fisica vacillano ogni giorno e vedono crollare i loro stessi fondamenti. Pietro Ramo ha distrutto la filosofia di Aristotele, Copernico la astronomia di Tolomeo, Paracelso la medicina galenica. In tal guisa, avendo ciascuno i suoi seguaci e tutto sembrando plausibile... siamo costretti ad ammettere che ciò che sappiamo è molto meno di quanto ignoriamo."[13] Non pochi poeti e scrittori e filosofi del primo Seicento ebbero la sensazione precisa di un esaurirsi del mondo, dell'invecchiamento dell'universo, della fine di una cultura, della crisi profonda nella quale era entrato tutto un modo di intendere l'uomo e la natura e il posto dell'uomo nella natura. "Il nostro secolo," scriveva Mersenne a Peiresc il 12 marzo 1644, "è il padre di un rivolgimento universale. Cosa pensate di questi rivolgimenti, non ci danno forse la prefigurazione della fine del mondo?"[14]

L'esistenza di una grandiosa svolta del sapere – capace

[12] J. Donne, *Anatomy of the World, First Anniversary* (1611), ed. Nonesuch Press, p. 202.

[13] P. Borel, *Discours nouveau prouvant la pluralité des mondes,* Genève 1657, pp. 3-4.

[14] Molte testimonianze sulla "decrepitudine del mondo" sono raccolte in H. Haydn, *The Counter-Renaissance,* New York 1960, pp. 525-544. La lettera di Mersenne a Rivet è parzialmente edita in R. Lenoble, *Mersenne et la naissance du mécanisme,* Paris 1943, p. 342.

di suscitare negli animi esaltazione ed entusiasmo o, come più spesso accadde, stupore e smarrimento – veniva in tal modo confermata, così come veniva confermata la necessità, da più parti avvertita, di un *nuovo* sapere, corrispondente alle nuove dimensioni del mondo geografico e dell'universo astronomico. Nel titolo di centinaia e centinaia di libri scientifici pubblicati nel corso del Seicento ricorre il termine *novus*.[15] Non si trattava solo di un modulo letterario, attraverso di esso si esprimevano, in modo significativo, le esigenze, le inquietudini e le insoddisfazioni di un'età che avvertiva la insufficienza dei tradizionali modi di formazione dell'uomo:

Oui, mais on parle en l'air, et n'est rien la science
Au jour d'huy que des mots, sans que l'experience
Qui la doit esclairer de pres comme son jour
Ait l'honneur seulement de la suivre à son tour:
De Grec et de Latin, mais point de connaissance
On nous munit la teste en notre adolescence.[16]

2. *L'ideale "progressivo" del sapere negli ingegneri del Cinquecento*

In non pochi testi di "artigiani superiori" e di "ingegneri" del secolo XVI troviamo presenti le prime, sia pure rudimentali, formulazioni del nuovo concetto di scienza e di progresso scientifico. La gloria di Dio e la pubblica utilità: queste sono le giustificazioni addotte dai tecnici per la propria opera. E quest'opera è concepita come qualcosa che va ad aggiungersi a un patrimonio già esistente, che è destinato a prolungarsi nel tempo, a essere perfezionato e integrato mediante la cooperazione di altri. Con un'immagine felice Edgar Zilsel ha contrapposto l'officina, l'arsenale, la bottega – che son luoghi nei quali gli uomini lavorano insieme – alla cella del monaco e allo studio dell'umanista. Da questa con-

[15] Se ne veda un amplissimo elenco in L. THORNDIKE, *Novità e innovazione nella scienza e nella medicina del Seicento*, in *Le radici del pensiero scientifico*, cit., pp. 459-473.

[16] PERROT DE LA SALLE, *Le mystère des asnes*, Lyon, Aubry, 1599, pp. 3-4. E cfr. A.M. SCHMIDT, *La poésie scientifique au sezième siècle*, Paris 1938, pp. 311 sgg.

trapposizione Zilsel ricava conclusioni che appaiono difficilmente accettabili, ma si può essere d'accordo con lui nel rilevare che la nascita del capitalismo e la competizione economica condussero questi uomini a teorizzare, per il loro lavoro, fini assai differenti e certo più impersonali di quelli della santità individuale o della immortalità letteraria.[17]

Certo è che il senso della ulteriore perfettibilità del proprio lavoro, della necessità della cooperazione intellettuale, della progressività del sapere nel tempo appaiono evidenti nelle pagine di non pochi libri "tecnici" del Cinquecento. Nella dedica a Pirckheimer, premessa al suo *Trattato sulle proporzioni del corpo umano* (1528), Dürer chiarisce le ragioni per le quali egli, che non è uno studioso, ha osato affrontare un tema così alto. Ha deciso di pubblicare il libro "rischiando la maldicenza, per il pubblico beneficio di tutti gli artisti e per indurre altri esperti a fare lo stesso, in modo che i nostri successori possano aver qualcosa da perfezionare e far progredire, di modo che l'arte della pittura, nel corso del tempo, possa raggiungere la sua perfezione".[18] Senza le nuove invenzioni, afferma il geografo tedesco Apianus nel *Quadrans astronomicus* (1532) "la vita tornerebbe allo stato degli antichi uomini che vivevano senza leggi né civiltà, simili a bestie" e per questa ragione, errano grandemente coloro che "respingono le cose migliori per il semplice fatto che sono nuove".[19] Accusato di aver tradito i segreti della corporazione, il chirurgo parigino Ambroise Paré (1510-1599), ignaro di latino e autodidatta, inviso alla Facoltà, afferma di non appartenere alla categoria di quelli "che fanno dell'arte una cabala". I testi degli antichi devono servirci solo a vedere più lontano, "non bisogna riposare sulle fatiche degli antichi", giacché "ci sono più cose da trovare di quante non ne siano state finora trovate... e le arti non sono così perfette che non si possano fare ad esse delle aggiunte, diventano perfette e migliori nel corso del tempo".[20] Simon Stevin (1548-1620), ingegnere militare e consigliere tecnico di Maurizio di Navarra, pubblica i

[17] E. Zilsel, *La genesi del concetto*, cit., p. 266.

[18] A. Dürer, *Vier Bücher von menschlicher Proportion*, Nurnberg 1528, dedica.

[19] P. Apianus, *Quadrans astronomicus*, Ingolstadt 1532, dedica.

[20] A. Paré, *Œuvres*, Paris 1840, vol. I, pp. 12, 14.

Wisconstighe Ghedachtenissen affinché "possano essere corretti i suoi errori e aggiunte altre invenzioni dato che, in questo campo, sono richiesti lo sforzo congiunto e l'opera di molti studiosi".

Tesi non diverse troviamo espresse in una pagina del commento di Daniele Barbaro all'*Architettura* di Vitruvio (1556): "Con il nome di Dio glorioso, io Daniel Barbaro nobile Venetiano, mi son posto ad esporre e interpretare i dieci libri dell'Architettura di M. Vitruvio. Mia intentione è stata con qualche honesta fatica giovare a gli studiosi delle artificiose inventioni e di dare occasione ad altri di scrivere più chiaramente di quelle cose che per alcuna cagione mi saranno dalle mani fuggite... Il nascimento dell'Arte da principio è debole ma col tempo acquista forza e vigore. Imperoché i primi inventori hanno poco lume delle cose et non possono raccorre molte universali propositioni, per le quali l'Arte s'ingrandisca, per che tempo non hanno di farne l'isperienza per la brevità della vita, ma lasciando ai posteri le cose da loro trovate, scemano la fatica di quelli aggiungendoli occasione d'aumentare le loro Arti".[21] Ancora più chiaramente si esprime, su questo problema, Agostino Ramelli, ingegnere militare del re di Francia e di Polonia. Le arti meccaniche – egli scrive nella prefazione alle *Diverse et artificiose machine* (1588) – nacquero dalla fatica e dai bisogni dei primi uomini che costruirono i primi "angusti tuguri per difendersi dalla inclemenza del cielo, dalle intemperie dell'aere, dalle ingiurie dei tempi e dai molti nocumenti della terra" e ricoprirono di vesti il corpo per "scacciare da sé le umide pioggie, l'impetuosità dei venti, il fervente ardore del sole, l'asprezza del freddo". Il successivo sviluppo delle arti non assomiglia al moto dei venti che nascono veementi per poi indebolirsi fino a svanire, ma è piuttosto simile al corso dei fiumi che nascono piccoli e deboli e arrivano al mare grandi e poderosi arricchiti dall'acqua degli affluenti.[22]

[21] *I dieci libri dell'Architettura di Vitruvio tradotti e commentati da Monsignor Barbaro,* Venezia 1556, pp. 5-6.

[22] A. Ramelli, *Le diverse et artificiose machine,* Paris 1588, prefazione.

3. *Il progresso delle scienze e la superiorità dei moderni: Bodin, Le Roy, Bruno, Bacone*

In non pochi casi queste affermazioni relative alla perfettibilità dell'arte erano solo l'eco di antiche dottrine, già presenti nei testi di Aristotele, di Ippocrate, di Seneca, di Averroè. L'idea che in quei testi veniva affermata non era quella di un sapere che si arricchisce progressivamente in modo indefinito, ma quella – ben diversa – secondo la quale nessuna scienza arriva alla sua perfezione mediante l'opera di un solo individuo. La scienza poteva continuare a presentarsi come una realtà in sé chiusa e perfetta che non è affatto perfezionabile all'infinito. La limitatezza del processo finiva col rendere vana e illusoria la progressività.[23]

Sarebbe difficile dire fino a che punto le affermazioni presenti nei trattati tecnici del Cinquecento si siano liberate dal peso di queste impostazioni. Ma è indubbio che la concorde insistenza sul carattere progressivo e collaborativo delle arti, l'affermazione di un sapere che cresce su se stesso nel tempo e che si arricchisce – come un fiume dei suoi affluenti – della fatica di molti, non possono essere spiegate soltanto facendo appello a reminiscenze di testi classici. Il riconoscimento dei risultati sempre nuovi cui danno luogo le arti conduceva qui ad affermare la limitatezza dell'orizzonte culturale degli antichi e a sottolineare il carattere provvisorio e storico delle loro verità e delle loro scoperte. Questa affermazione – che troviamo presente in decine di testi di teorici della navigazione e di viaggiatori – era a sua volta destinata a rovesciarsi nell'altra, ben nota e destinata a singolare risonanza, della *superiorità dei moderni.*

I sostenitori della superiorità dei moderni e gli assertori della non inferiorità dei moderni rispetto agli antichi (da Bodin a Vico), si serviranno, per sostenere la loro tesi, prin-

[23] Su questo problema cfr. E. GARIN, *Medioevo e Rinascimento,* Bari 1954, p. 196. La mancata discussione di questo tema rende parziale e insufficiente il quadro tracciato da E. Zilsel (*La genesi del concetto,* cit.). Importanti limitazioni alla sua tesi in: A.C. KELLER, *Zilsel, gli artigiani e l'idea di progresso nel Rinascimento,* in *Le radici del pensiero scientifico,* cit., pp. 290-295. Fra gli altri scritti di Zilsel, collegati a questi problemi, cfr. *The Sociological Roots of Science,* in "American Journal of Sociology", 1942, pp. 544-562; *Problems of Empiricism: Experiment and Manual Labor,* "International Encycl. of Unified Science", Chicago 1951, pp. 53-94.

cipalmente di due argomenti: i ritrovati della tecnica, che hanno modificato in profondità la vita degli uomini sono la vivente dimostrazione dei progressi realizzati da genere umano; le grandi scoperte geografiche, che hanno unificato il mondo rendendolo simile a un'unica città, hanno reso angusta la città nella quale vivevano e operavano gli antichi.

"Sono state scoperte infinite belle cose ignorate dagli antichi," scrive Blaise de Vigenère, "la bussola, in mancanza della quale tante navi si sono un tempo perdute e l'arte della stampa che è la più ammirevole e divina invenzione mai concepita dallo spirito umano. Queste invenzioni possono contrapporsi a tutto ciò che i secoli precedenti ebbero di più raro e squisito... È ragionevole far posto all'antichità, ma da ciò non segue affatto che si debbano leggere o vedere o lodare o approvare solo le opere degli antichi."[24]

Questo testo è del 1571. Cinque anni prima nella *Methodus ad facilem historiarum cognitionem* Bodin aveva affermato che non solo le virtù, ma il sapere dei moderni brilla di uno splendore pari a quello dell'antichità. L'epoca presente – continuava – ha visto gli spiriti pensare con una tale fecondità quale mai si era vista. "Ma gli antichi, si dirà, restano tuttavia gli inventori di tutte le arti e ben meritano, a questo titolo la loro gloria. Riconosceremo volentieri che essi hanno scoperto molte scienze utili al genere umano, a cominciare dall'azione dei corpi celesti; hanno studiato il corso regolare degli astri, le traiettorie ammirevoli delle stelle e dei pianeti; colpiti dall'oscurità della natura l'hanno con cura studiata e di molti problemi hanno dato una spiegazione. Ma hanno lasciato anche molti problemi insoluti che noi trasmettiamo completamente risolti ai nostri posteri. E, ove si guardi più da vicino, non v'è dubbio che le nostre scoperte eguagliano e spesso sorpassano quelle degli antichi. Cosa c'è, per esempio, di più meraviglioso del magnete? Gli antichi lo hanno ignorato ed hanno ignorato il suo uso mirabile e han dovuto restringersi al bacino del Mediterraneo mentre i nostri contemporanei fanno ogni anno il giro del mondo con le loro traversate ed hanno, per così dire, colonizzato un mondo nuovo... Ne è derivato non solo uno sviluppo prospero e lucroso del commercio... ma gli uo-

[24] BLAISE DE VIGENÈRE, *Prefazione* a N. CHALCONDYLE, *L'Histoire de la décadence*, Paris 1571.

mini si sono legati l'un l'altro e mirabilmente partecipano all'universale Repubblica come se formassero una medesima città... Si sono svelati i segreti della natura e si sono scoperte medicine salutari. Non parlerò del metodo di determinazione della longitudine... né delle catapulte e delle antiche macchine di guerra che, al paragone delle nostre, sono giochi da ragazzini. Lascerò da parte le innumerevoli industrie dei metalli e dei tessuti che giovano mirabilmente alla vita degli uomini. La sola arte della stampa potrebbe facilmente bilanciare tutte le invenzioni degli antichi."[25]

Da questo riconoscimento del significato rivoluzionario delle grandi invenzioni dei moderni nasceva il rifiuto del mito di un'età aurea del genere umano e di un'antica, inarrivabile sapienza riposta. Nasceva un'immagine del primitivo che sarà più tardi ripresa da Hobbes e da Vico. Quel rifiuto e questa immagine sottolineavano essi stessi la realtà del progresso: "Ecco dunque questi famosi secoli d'oro e d'argento. Gli uomini vivevano allora dispersi per i campi e le selve come bestie selvagge e possedevano solo ciò che potevano conservare mediante la forza e il delitto. È occorso molto tempo per condurli a poco a poco da questa vita barbara e selvaggia, verso costumi civili e una ben regolata società e alla presente umanità di costumi".[26]

Pochi anni più tardi, nello scritto *De la vicissitude ou variété des choses en l'univers* che è del 1577, Louis Le Roy batte ancora sulla importanza delle invenzioni e sulla unità finalmente raggiunta di tutto il genere umano: "Il mondo intero è ora conosciuto e tutte le razze degli uomini. Gli uomini possono ora scambiarsi reciprocamente le loro invenzioni e reciprocamente aiutarsi nelle loro necessità: come gli abitanti di una medesima città".[27] Ma già dieci anni prima, nelle pagine de *Les politiques d'Aristote* (1568), che sono contemporanee alla *Considération sur l'histoire universelle,* Le Roy aveva insistito sulla tesi del progressivo crescere della conoscenza: "Le arti e le scienze ricevono la loro perfezione, non appoggiandosi ai detti e alle opinioni degli uomini delle età precedenti, per quanto grande sia la lo-

[25] J. Bodin, *Methodus ad facilem historiarum cognitionem,* in *Œuvres philosophiques de J. Bodin,* par P. Mesnard, Paris 1951, pp. 227-228.

[26] Ivi, p. 226.

[27] L. Le Roy, *De la vicissitude,* cit., p. 7.

ro autorità, ma correggendole e modificandole ogni volta che non appaiano buone... Le cose grandi vengono alla luce lentamente; non si manifestano tutte insieme e contemporaneamente, ma vengono perfezionate con il trascorrere del tempo".[28] Nel testo del '77 la dottrina del progresso viene espressa con maggiore chiarezza: "Non ci si è fermati a ciò che i primi uomini hanno fatto, detto o scritto, ma le generazioni hanno dato il loro contributo e le cose sono state scoperte e illuminate col trascorrere del tempo... Se gli antichi non avessero scritto o detto nulla che già non fosse stato detto o scritto prima di loro, nessuna arte sarebbe mai stata inventata e tutte sarebbero rimaste alle loro prime fasi senza essere accresciute... Nulla vieta che quest'età produca in filosofia uomini come Platone e Aristotele, o in medicina come Ippocrate e Galeno, o in matematica come Euclide, Archimede e Tolomeo... e, a guardar bene, non v'è secolo, più del nostro, più felicemente disposto al progresso della cultura".[29]

In una pagina famosa della *Cena delle Ceneri* (1584), Bruno teorizzava la superiorità della visione copernicana dell'universo su quella degli astronomi antichi. Al pedante Prudenzio che ripete l'antico motto "dice il saggio, ne l'antiquità è la sapienza", Bruno (che parla per bocca di Teofilo) ribatte: "E soggiunge: in molti anni la prudenza. Si voi intendeste bene quel che dite, vedreste, che dal vostro fondamento s'inferisce il contrario di quel che pensate: voglio dire, che noi siamo più vecchi ed abbiamo più lunga età, che i nostri predecessori: intendo, per quel che appartiene in certi giudizi, come in proposito. Non ha possuto essere sì maturo il giodicio d'Eudosso, che visse poco dopo la rinascente astronomia, se pur in esso non rinacque, come quello di Calippo, che visse trent'anni dopo la morte d'Alessandro Magno; il quale come giunse anni ad anni, possea giongere ancora osservanze ad osservanze. Ipparco, per la medesma raggione, dovea saperne più di Calippo, perché vedde la mutazione fatta sino a centononantasei anni dopo la morte d'Alessandro. Menelao, romano geometra, perché vedde la differenza de moto quattrocentosessantadui anni dopo Alessandro morto, è raggione che n'intendesse più

[28] L. Le Roy, *Les Politiques d'Aristote*, Paris 1568, prefaz. al I libro.
[29] L. Le Roy, *De la vicissitude*, cit., ultimo capitolo.

ch'Ipparco. Più ne dovea vedere Macometto Aracense milleducento e dui anni dopo quella. Più n'ha veduto il Copernico quasi a nostri tempi appresso la medesma anni milleottocentoquarantanove".[30]

La fragilità delle conclusioni gentiliane che facevano di Bruno – sulla base di questo passo – un isolato assertore della storicità dello spirito è stata, ormai, ampiamente dimostrata. E si sono opportunamente sottolineati, di fronte a quella deformazione, i motivi teologico-naturalistici presenti nel pensiero bruniano; e si è insistito, giustamente, sulla sua integrale risoluzione del corso storico in una eterna vicenda ciclica, in "una revoluzione vicissitudinale e sempiterna", che svuota di senso il processo del tempo e della storia. Per far di Bruno un precursore dell'idealismo non pochi storici han preferito eliminare un tema che fu centrale: "Nella natura è una revoluzione e un circolo... tutto quel medesimo, che ascende, ha da ricalare a basso... Alta e magnifica vicissitudine, che agguaglia l'acque inferiori alle superiori, cangia la notte col giorno e il giorno con la notte, finché la divinità sia in tutto". Mentre si richiamava al detto dell'*Ecclesiaste* ("Quid est quod est? ipsum quod fuit. Quid est quod fuit? ipsum quod est. Nihil sub sole novi") Bruno affermava che tutte le cose "non possono esser altro di quel che sono state, né saranno altre che quel che sono... e solamente accade separazione, o congiunzione, o composizione, o divisione, o traslazione".[31]

Ma in quelle pagine sull'astronomia – forse non sconosciute a Bacone – non era presente solo l'antica tesi secondo la quale nessuna scienza arriva alla perfezione in un individuo solo. In quella cronologia di astronomi, ricavata dalle pagine del *De Revolutionibus* di Copernico, Bruno poneva l'accento sul progressivo aggiungersi, nel cammino della scienza, di "osservanze" a "osservanze". La precisazione finale: "per quel ch'appartiene in certi giudizi, come

[30] G. BRUNO, *Dialoghi italiani,* ed. Gentile-Aquilecchia, Firenze 1958, pp. 39-40.

[31] Cfr. G. GENTILE, *G. Bruno e il pensiero del Rinascimento,* Firenze 1920, pp. 87-110, ora in *Il pensiero italiano del Rinascimento,* Firenze 1940, pp. 331-355; A. CORSANO, *Il pensiero di G. Bruno nel suo sviluppo storico,* Firenze 1940, pp. 56-61; E. GARIN, *Medioevo e Rinascimento,* cit., pp. 195-201; G. AQUILECCHIA, *Prefazione a La Cena de le Ceneri,* Torino 1955, pp. 56-59.

in proposito", non è senza significato. Bruno fa specifico riferimento al sapere scientifico, in particolare all'astronomia.[32] Poche pagine addietro si era riferito all'opera dei matematici che "successivamente a tempi et tempi, giongendo lume a lume",[33] hanno fornito i principi sufficienti all'adesione al copernicanesimo. Sono temi, questi, che se non consentono certo di giungere alla insostenibile e paradossale conclusione di un Bruno esponente (o addirittura unico esponente) del concetto di progresso, vanno tuttavia accostati a quelle pagine dello *Spaccio* nelle quali si è visto giustamente una esaltazione del lavoro come allontanamento dalla primitiva condizione bestiale e una rivendicazione della "piena dignità dell'azione tecnico-economica, dello sforzo di trasformazione e produzione di fronte alla dura, non propizia natura".[34] La dignità dell'uomo non è solo affidata – come per Ficino o per Pico – alla potenza ascensiva dell'intelletto, ma anche alla "azione per le mani": "gli dèi aveano donato a l'uomo l'intelletto e le mani, e l'aveano fatto simile a loro, dandogli facultà sopra gli altri animali; la qual consiste non solo in poter operare secondo la natura ed ordinario, ma ed oltre, fuor le leggi di quella; acciò, formando o possendo formar altre nature, altri corsi, altri ordini con l'ingegno, con quella libertade... venesse a serbarsi dio de la terra... E per questo ha determinato la Providenza, che vegna occupato ne l'azione per le mani, e contemplazione per l'intelletto, de maniera che non contemple senza azione, e non opre senza contemplazione". Nella cosiddetta età dell'oro gli uomini vivevano allo stato bestiale, non erano più virtuosi né più intelligenti di quanto siano oggi virtuosi e intelligenti gli animali, ma "nate le difficultadi, risorte le necessitadi, sono acuiti gli ingegni, inventate le industrie, scoperte le arti; e sempre di giorno in giorno, per mezzo de l'egestade, da la profundità de l'intelletto umano si eccitano nove e maravigliose invenzioni".[35]

Il lavoro delle mani, le "sollecite e urgenti occupazioni",

[32] Questo aspetto è stato sottolineato da G. AQUILECCHIA, *Prefazione*, cit., p. 57.

[33] G. BRUNO, *Dialoghi italiani*, cit., p. 27.

[34] A. CORSANO, *Il pensiero di G. Bruno*, cit., pp. 197-198; cfr. F. BATTAGLIA, *Filosofia del lavoro*, Bologna 1951, pp. 86-93.

[35] *Spaccio della bestia trionfante*, in *Opere*, Bari 1927, vol. I, p. 152.

le industrie e le arti come allontanamento dalla condizione bestiale e approssimazione alla condizione divina. Ma è davvero difficile ricomporre in unità il pensiero del Bruno, e non ha senso ricercare a posteriori una coerenza lineare e una placida continuità in quella che fu la tormentosa manifestazione – che prese non a caso la forma del *dialogo* – di temi fra loro contrastanti.[36] La celebrazione del lento accumularsi della scienza attraverso il lavoro delle generazioni non escludeva una visione ciclica della vicenda temporale; il riconoscimento della dignità del *fare*, delle operazioni che assoggettano la natura non impedisce a Bruno di tornare, negli *Eroici Furori*, all'antica tesi di un'umanità divisa in due, nella quale l'esistenza degli uomini che lavorano con le mani e dei "meccanici" serve a giustificare l'esistenza dei contemplanti e dei "filosofi": "Bisogna che sieno arteggiani, meccanici, agricoltori, servidori, pedoni, ignobili, vili, poveri, pedanti ed altri simili: perché altrimente non potrebono essere filosofi, contemplativi, coltori degli animi, padroni, capitani, nobili, illustri, ricchi, sapienti ed altri che siano eroici simili agli dei".[37]

*

L'intera opera di Francesco Bacone è rivolta a sostituire a una cultura di tipo retorico-letterario una cultura di tipo tecnico-scientifico. Bacone è perfettamente consapevole che la realizzazione di questo programma di riforma comporta una *rottura* con la tradizione ed è fermamente convinto di due cose: che per effettuare tale rottura è necessario un esame storico delle civiltà del passato; che tale rottura riguarda non solo il modo di pensare, ma il modo di vivere degli uomini, il loro atteggiamento di fronte al mondo naturale e di fronte alla tradizione culturale. Il tipo di discorso filosofico elaborato nel mondo classico presuppone, secondo Bacone, la superiorità della contemplazione sulle opere, della rassegnazione di fronte alla natura sulla conquista della natura, della riflessione sull'interiorità sull'indagine diretta ai fatti e alle cose. Si tratta per lui di mettere in crisi quel tipo di cultura nel cui ambito vengono considerati legittimi e possibili discorsi filosofici di quel tipo e di giungere, su queste

[36] E. GARIN, *Medioevo e Rinascimento*, cit., p. 197.
[37] *Degli eroici furori*, in *Opere*, cit., vol. II, p. 464.

basi, a una qualificazione dei compiti, dei fini e dei metodi della filosofia diversa da quella che, per secoli, si era presentata connaturata alla ricerca filosofica.

Tutta l'opera di Bacone – e di questo si sono accorti anche i meno avveduti fra gli interpreti – ha il sapore di una riforma totale e si appoggia sulla convinzione di un radicale mutamento che è in corso nella storia umana. Questo mutamento non è in alcun modo identificabile con una trasformazione della filosofia, non riguarda solo la *speculazione*: l'*advancement of learning* non deriva dal lavorio delle scuole o sette filosofiche; è strettamente connesso all'intera situazione della civiltà. Quando Bacone parla della sua opera come del *parto del tempo*, egli non usa un'espressione retorica, esprime una convinzione profonda. Il mutamento storico che lo interessa e nel quale egli ritiene di poter inserire il suo lavoro di filosofo e di organizzatore di cultura dipende da una serie di *fattori materiali* che hanno, a suo avviso, un peso incalcolabile sul mondo della cultura. Le invenzioni, il rifiorire delle arti meccaniche, le scoperte geografiche, i viaggi di esplorazione, le nuove condizioni politiche dell'Europa hanno mutato le condizioni di vita sulla terra. Questo mutamento comporta un mutamento nel modo di pensare, nella filosofia: "sarebbe vergognoso per gli uomini", egli scrive, "se dopo aver svelato e illustrato l'aspetto del globo materiale, cioè delle terre, dei mari, degli astri, i confini del globo intellettuale restassero limitati entro i ristretti confini delle scoperte degli antichi".[38]

Le tre grandi invenzioni della bussola, della stampa, della polvere da sparo hanno cambiato il corso della storia così che sembra che "nessun impero o sètta od astro abbia mai avuto maggiore efficacia ed influenza sulle cose umane, di quella che ebbero queste tre invenzioni meccaniche". La protesta contro la "sterilità" della cultura tradizionale appare fondata, in Bacone, proprio sulla contrapposizione delle arti meccaniche alla filosofia, della progressività, caratteristica del sapere tecnico-scientifico, alla immobilità che è tipica degli esercizi dialettici delle Scuole e degli esercizi reto-

[38] *Novum Organum*, I, 84. Tutti i riferimenti, a eccezione di quelli del *Novum Organum*, per i quali si indica il libro e il paragrafo, rinviano a *The Works of Francis Bacon*, ed. by R.L. Ellis, J. Spedding, D.D. Heath, London 1857-74, 7 voll.

rici dell'Umanesimo: "È accaduto per duemila anni che le scienze restino ferme e si mantengano sempre quasi nelle stesse condizioni senza realizzare alcun progresso degno di nota; anzi fioriscono al massimo con il loro primo autore e in seguito declinano. Invece nelle arti meccaniche, che sono fondate sulla natura e sulla luce dell'esperienza, vediamo accadere il contrario: esse... come pervase da un spirito vitale, di continuo vegetano e progrediscono: dapprima rozze, poi convenienti, infine raffinate, sempre progredienti".[39]

Nell'ambito delle filosofie tradizionali ogni asserzione è rimasta asserzione, ogni questione è restata tale e, mediante le dispute, "non è stata risolta, ma come fissata ed alimentata". Le scienze intellettuali sono state "adorate e celebrate come statue perfettissime" e non hanno compiuto alcun progresso, mentre il progredire delle arti meccaniche è stato così veloce "che gli interessi e i desideri degli uomini vengono a mancare prima ancora che esse abbiano raggiunto la perfezione".[40] Questa progressività, che è caratteristica delle arti meccaniche e del sapere tecnico, dipende, secondo Bacone, da una ragione precisa, dal fatto che in essi gli ingegni di molti collaborano a un unico fine: "Non è affatto strano che si osservi questa differenza tra la meccanica e la filosofia, perché nella prima i singoli ingegni si mescolano, nella seconda si corrompono e si distruggono". Nelle arti meccaniche non c'è posto per il potere dittatoriale del singolo, ma solo per un "potere senatoriale" che non esige affatto che i seguaci rinuncino alla loro libertà facendosi in perpetuo schiavi di una sola persona: "nelle arti meccaniche confluiscono gli ingegni di molti, mentre nelle arti e nelle scienze liberali gli ingegni di molti si sottoposero a quello di una sola persona ed i seguaci, per lo più, lo depravarono invece di illuminarlo". Così il tempo lavora a favore delle arti e contribuisce invece a distruggere gli edifici, inizialmente perfetti, costruiti dai filosofi. La filosofia e la scienza di Aristotele, di Platone, di Democrito, di Ippocrate, di Euclide, di Archimede, col passare dei secoli, "andò degenerando e perdendo non poco del suo antico splendore".[41]

[39] *Novum Organum*, I, 74, 129; cfr. *Works*, III, pp. 289-290 (*Advancement of Learning*); *Works*, I, pp. 457-458 (*De Augmentis*).

[40] *Works*, I, p. 126 (prefaz. alla *Instauratio Magna*).

[41] Ivi, pp. 457-458 (*De Augmentis*), e cfr. *Works*, III, pp. 289-290 (*Advancement of Learning*).

Nelle arti meccaniche il sapere è progressivo, cresce su se medesimo; in esse vige la collaborazione fra i ricercatori. Progressività e collaborazione devono caratterizzare tutti i campi del sapere (esclusa la poesia) e solo in tal modo si avrà il possesso di un criterio capace di differenziare nettamente la scienza e la tecnica da ogni sapere di tipo "magico". Bacone ha ripetutamente affermato che il metodo della scienza da lui progettato non lasciava gran parte al genio del singolo e in qualche modo eguagliava le intelligenze: "Il nostro metodo di invenzione nelle scienze è tale da non lasciare molto posto all'acutezza e alla forza degli ingegni, ma da eguagliare quasi gli ingegni e gli intelletti. Nel tracciare una linea retta o un cerchio perfetto – se si disegna a mano libera – molto dipende dalla fermezza e dall'esercizio della mano; invece queste qualità contano poco o nulla se si fa uso di una riga o di un compasso, la stessa cosa avviene nel nostro metodo".[42] Alcuni interpreti hanno inteso questa affermazione come esprimente un'ottimistica fiducia nel carattere meccanico del metodo che, una volta messo in moto, avrebbe funzionato da solo. E non sono mancate le proteste appassionate contro questa pretesa di "rinchiudere la infinita ricchezza del pensiero entro un binario obbligato".[43] Ma, come spesso accade, gli sdegni nascevano da scarso approfondimento storico. Se teniamo presente lo sfondo di cultura dal quale trasse origine questa affermazione, ci rendiamo conto del fatto che essa esprime una presa di posizione contro i caratteri di *eccezionalità* dei metodi impiegati nelle ricerche magico-alchimistiche. Qui, come già aveva rilevato Agricola e come ripete Bacone, il risultato appare affidato alla applicazione di un procedimento segreto dovuto alle capacità straordinarie di un individuo.

Per questo Bacone contrappone alla figura del *maestro* quella dell'*inventore,* alla figura del sapiente illuminato, quella dell'uomo che aggiunge un suo contributo al lavoro di coloro che l'hanno preceduto e contribuisce in tal modo al progredire della scienza. A differenza di quanto avviene nelle arti meccaniche, la tradizione delle varie discipline

[42] *Novum Organum,* I, 61, e cfr. *Works,* III, p. 250 (*Valerius Terminus*); III, p. 638 (*Filum Labirinthi*); III, p. 572 (*Redargutio Philosophiarum*).

[43] G. DE RUGGIERO, *Storia della filosofia: l'età cartesiana,* Bari 1939, p. 41.

"presenta i personaggi del maestro e del discepolo, non quello dell'inventore, vale a dire di colui che aggiunge qualcosa di importante alle scoperte dei predecessori".[44]

Anche la contrapposizione baconiana dei moderni agli antichi e la sua polemica contro il "fascino dell'antichità" che, simile a un maleficio impedisce agli uomini "di entrare in contatto con le cose reali", acquistano, da questo punto di vista, un senso più preciso. Accettare la tradizione, subire questo fascino ha per Bacone conseguenze di incalcolabile portata. Per quella via si giunge ad aderire alla posizione caratteristica del passato: *la trasformazione in ontologia della propria insufficienza tecnica.* Gli aristotelici hanno posto "al di là dei limiti del possibile" tutto ciò che a loro o ai loro maestri "è apparso sconosciuto e ineseguibile"; ciò che è "impossibile per l'arte, essi lo dichiarano impossibile nella teoria e nella pratica". Essi "considerano come una verità stabilita che ciò che una qualche arte non riesce a raggiungere, deve essere dichiarato irraggiungibile"; in tal modo "con superbia e smisurata invidia, trasformano la debolezza delle loro invenzioni in una calunnia verso la natura e in un incitamento alla disperazione".[45]

Sulla deficienza dei loro strumenti di controllo e di dominio della natura, i filosofi antichi – gli aristotelici in particolare – hanno costruito una filosofia della natura. "Senza vanità, senza follia, ma ragionevolmente, in base agli esperimenti e alle dimostrazioni offerte dalle nuove macchine" è invece possibile, per Bacone, contrapporre al *non più oltre* degli antichi il *più oltre* della nuova scienza; ed è possibile affermare contro gli antichi "che dicevano che il fulmine non può essere imitato, che è invece possibile imitare il fulmine".[46]

Su queste basi l'antichità può davvero apparire come la giovinezza del mondo e l'età presente come la vecchiezza che ha maggior conoscenza delle cose umane e maggior maturità di giudizio giacché "è arricchita da infiniti esperimenti e osservazioni". In un paragrafo del *Novum Organum*[47] – troppo spesso citato isolatamente da un contesto più ge-

[44] *Works,* I, p. 126 (prefaz. alla *Instauratio Magna*).
[45] *Novum Organum,* I, 75, 84.
[46] *Works,* III, 584 (*Redargutio Philosophiarum*).
[47] *Novum Organum,* I, 84.

nerale – Bacone sembra far propria la tesi, assai diffusa nell'età di Shakespeare, dell'invecchiamento e della decrepitudine del mondo. Nel contesto generale del suo discorso il progresso appare come la speranza in un cammino non mai compiuto del genere umano: "Io metto in movimento una realtà che altri sperimenteranno... chiedo che gli uomini prendano parte essi stessi alle fatiche che restano da compiere". Le imprese di Alessandro – scrive Bacone nella *Redargutio Philosophiarum* – erano un tempo considerate prodigi, ma quando l'ammirazione degli uomini si fu raffreddata, uno scrittore romano affermò che Alessandro aveva il solo merito di aver giustamente osato di disprezzare le cose vane. "Anche noi udremo qualcosa di simile dai nostri successori dopo che liberati, restituiti a loro stessi e avendo fatto esperienze delle proprie forze, essi avranno superato di gran lunga gli indirizzi che abbiamo aperto."[48]

Alcune categorie tipiche del sapere tecnico – la collaborazione, la progressività, la perfettibilità, l'invenzione – divengono categorie cui Bacone attribuisce un valore universale. Esse devono servire a qualificare l'intero campo del sapere umano. Assumendo come *modello per la cultura* le arti meccaniche, facendo leva sui caratteri di progressività e intersoggettività che caratterizzano, almeno in parte, il lavoro dei tecnici è possibile, secondo Bacone, dar luogo a un tipo di cultura che, a differenza della cultura antica, sia suscettibile di progresso. In essa l'opera dei meccanici e degli empirici sarà congiunta a quella dei filosofi e verrà in tal modo superata anche quella "meccanica meramente empirica e operativa" che è "disgiunta dalla fisica" e che si affida solo "alla pazienza degli uomini e al lavoro sottile e ordinato della mano e degli strumenti".[49] Su questo punto Bacone è assai chiaro: "la filosofia degli empirici conduce a risultati e ad opinioni ancora più mostruosi di quelli della filosofia sofistica o razionale". La vera filosofia nasce dal congiungimento del lavoro degli "empirici" e di quello dei "razionali". Nel celeberrimo paragone delle formiche, dei ragni e delle api, Bacone, quando parlava dei "puri empirici" che si limitano a raccogliere dati, faceva riferimento proprio alle arti meccaniche: "la vera filosofia non ripone in-

[48] *Works*, III, 584 (*Redargutio Philosophiarum*).
[49] *Novum Organum*, I, 85; *Works*, I, p. 572 (*De Augmentis*).

tatto nella memoria il materiale fornito dalla storia naturale e dalle arti meccaniche, ma lo conserva mutato e digerito nell'intelletto".[50]

"Gli alchimisti," scrive Bacone nei *Cogitata et Visa,* "invecchiano e muoiono abbracciando le loro speranze, le imprese dei maghi non sono durevoli né fruttuose, le arti meccaniche non chiedono molto lume alla filosofia, ma continuano a poco a poco le trame, certo lente e umili dell'esperienza. Il caso è certo utile come autore di scoperte, ma sparge i suoi doni sugli uomini per vie traverse e contorte." Al caso, alle "osservazioni grossolane" va sostituita la collaborazione fra scienza e tecnica. La trasformazione della realtà, l'instaurazione del *regnum hominis* non possono essere affidate solo al fuoco, ma devono essere affidate alla ragione che opera con l'aiuto degli strumenti. Come dice Bacone, nel suo linguaggio immaginifico: bisogna abbandonare Vulcano per affidarsi a Minerva.[51]

4. *La disputa sugli antichi e sui moderni*

Nell'anno stesso della pubblicazione del *Novum Organum* vedevano la luce i *Dieci libri di pensieri diversi* di Alessandro Tassoni (1620) nei quali la tesi della superiorità dei

[50] *Novum Organum,* I, 64; *Works,* III, p. 582 (*Redargutio Philosophiarum*).

[51] *Works,* III, p. 580 (*Redargutio Philosophiarum*); *Novum Organum,* II, 7. Per una indicazione dei principali lavori sulla filosofia di Bacone cfr. l'appendice seconda, qui alle pp. 155-157, e inoltre P. ROSSI, *Francesco Bacone, dalla magia alla scienza,* Bari 1957; *Per una bibliografia degli scritti su F. Bacone, 1800-1956,* in "Rivista critica di storia della filosofia", 1957, I, pp. 75-89. Posteriormente al 1957 sono stati pubblicati i seguenti studi: P.H. KOCHER, *Bacon on the Science of Jurisprudence,* in "Journal of the History of Ideas", 1957, I, pp. 3-26; R. MC RAE, *Unity of the Sciences: Bacon, Descartes, Leibniz,* ivi, 1957, I, pp. 27-48; L. ANCESCHI, *Bacone tra Rinascimento e Barocco,* in "Rivista di Estetica", 1957, 3, pp. 322-345; J.G. CROWTHER, *Francis Bacon, the First Statesman of Science,* London 1960. Il lavoro di E. DE MAS, *F. Bacone e il De Sapientia Veterum,* in "Rivista internaz. di filos. del diritto", 1957, 3-4, pp. 393-412, non tien conto dell'unico serio lavoro sull'argomento (che è quello di Charles Lemmi) ed è privo di una qualsiasi utilità. Un maggior interesse presenta il più recente articolo *Bacone e Vico,* in "Filosofia", 1959, 4, pp. 505-559. Sono ora da vedere i due articoli di V. DE MAGALHÃES-VILHENA, *Bacon et l'antiquité,* in "Revue Philosophique", 1960 e 1961.

moderni veniva sostenuta – oltre che sulla base della inferiorità della religione pagana con la cristiana – con l'argomento della perfettibilità delle arti e delle scienze. L'affermazione, di origine senechiana, dell'originaria imperfezione delle arti che vengono a mano a mano dirozzate e perfezionate mediante l'ingegno e l'industria, non pare al Tassoni argomento sufficiente a "terminare questa lite in favore della modernità". Le arti e le dottrine non progrediscono sempre "con un seguito corso di molti ingegni eccellenti", ma ora cadono in mano "di gente di tardo e fiacco intelletto che le ritorna indietro, ora si estinguono e mancano affatto". Così avvenne all'Italia quando, per molti secoli, cadde in mano ai barbari. Le pestilenze, le guerre, le carestie distruggono gli uomini e spengono le arti. Queste, che hanno "nascimento e gioventù e perfezione", hanno anche "vecchiezza e morte; e come alle volte crescono e si dilatano a salti, così talora mancano in un istante".[52]

Tassoni riconosceva dunque la possibilità di paurosi regressi, insisteva sul procedere a salti dell'andamento delle cose umane e sulla continua minaccia della vecchiezza e della morte delle arti. La sua interpretazione del Medioevo come età di barbarie e di oscurità lo allontanava da ogni forma di fede illuministica nei progressi del sapere. La cultura classica costituisce il paradigma e il modello di ogni cultura, e tuttavia la nuova luce che risplende ora sull'Italia e il generale rinnovamento degli spiriti consentono di confrontare, a vantaggio dei moderni, la cultura nuova all'antica. La tesi della superiorità dei moderni trae conforto dalla constatazione di quei meravigliosi ritrovati della tecnica che furono sconosciuti al mondo degli antichi: "Che cosa inventarono mai i Greci e i Romani che possa pareggiarsi [alla stampa]? ... questa nobile invenzione che ha introdotto il modo di fare che in terra le anime degli uomini gloriosi giammai non muoiano? Passiamo alla bussola e alla carta da navigare... se i Romani si gloriarono d'aver per l'Oceano condotte le armate loro nell'isola d'Inghilterra... che gloria dovrassi a colui che insegnò a' Portoghesi di na-

[52] A. TASSONI, *Paragone degli ingegni antichi e moderni,* Lanciano 1918-19, pp. 101-102; sul Tassoni e sui criteri che egli usa per sostenere la superiorità dei moderni: H. NAEF, *Due contributi alla storia dei Pensieri di A. Tassoni,* Trieste 1911.

vigare ad un incognito polo, da un orizzonte all'altro?... Vengo alle macchine militari: qual'invenzione così tremenda fu immaginata giammai, che a quella delle nostre artiglierie s'agguagliasse?... Della ingegnosissima invenzione degli orologi da ruota, che suonano e mostrano le ore con perpetuo giro, e i moti de' pianeti, che non avrebbono detto i Greci e i Latini? Il telescopio solo, trovato ultimamente in Fiandra e perfezionato in Italia, col quale di lontano quindici o venti miglia si veggon le cose come presenti e si scopron le stelle invisibili nel Cielo, supera di gran lunga quante invenzioni latine e greche furon trovate in tutto quel corso di anni così famoso".[53]

Il carattere "miracoloso" delle invenzioni venne sottolineato da molti. Saremmo certo rimasti increduli – scrive Pierre Borel nel 1655 – se ci avessero assicurato che, mediante la stampa, sarebbe stato possibile "scrivere un'infinità di libri in poco tempo e con una velocità mille volte più grande di quella con la quale si parla e trasmettere le nostre concezioni ai posteri acquistando in tal modo una sorta di immortalità". Il Borel, raccoglitore di testi alchimistici e chimici e sostenitore della pluralità dei mondi, ha, assai più che non il Tassoni, la consapevolezza dell'importanza decisiva della rivoluzione tecnica. Nel telescopio egli vede il simbolo della vittoria dell'ingegno umano sulla natura e il segno della superiorità dei moderni: "Taccia dunque l'antica Atene con il suo favoloso liceo, tacciano le favole secondo le quali esistono uomini che penetrano con gli occhi nelle viscere della terra e percepiscono i tesori e le acque. Oggi son apparsi i più insigni e veri lincei alla cui vista nulla può più sfuggire".[54]

Charles Perrault, dando avvio alla grande *Querelle des anciens et des modernes* (1688-1697), afferma che il progresso dipende dal lento accumularsi del sapere nel tempo. Al di là delle parziali sconfitte e dei provvisori regressi, il cammino del genere umano è un perpetuo e indefinito accrescimento. "Leggete i giornali di Francia e d'Inghilterra, le pubblicazioni delle Accademie e vi renderete conto che negli ultimi venti o trent'anni si sono fatte più scoperte nel-

[53] A. TASSONI, *Paragone degli ingegni*, cit., pp. 144-145.

[54] P. BOREL, *Discours nouveau prouvant la pluralité des mondes*, cit., p. 5.

la scienza della natura che in tutto il periodo dell'antichità... Gli ultimi venuti hanno come raccolto l'eredità dei loro predecessori ed hanno aggiunto ad essa un gran numero di nuove acquisizioni dovute al loro lavoro e alla loro fatica".[55]

Ma più che sul progresso della filosofia naturale e delle arti meccaniche, la disputa sugli antichi e sui moderni, in Francia, verteva sui meriti letterari degli scrittori e dei poeti dell'età classica e di quelli del secolo di Luigi XIV:

La docte Antiquité, dans toute sa durée
A l'égal de nos jours ne fut point eclairée
Et l'on peut comparer, sans crainte d'être injuste
Le siècle de Louis au beau siècle d'Auguste.

Nata sul terreno linguistico e letterario la polemica giungeva a contrapporre i *secoli,* finiva per investire i grandi temi della modernità e del progresso, ma sfiorava solo marginalmente i problemi connessi al progredire della scienza e della tecnica. Boileau, mentre polemizza con Perrault, è assai esplicito su questo punto: "Il vostro intento era di mostrare che per la conoscenza, soprattutto per le belle arti, il nostro secolo o, per dir meglio, il secolo di Luigi il Grande era non solo paragonabile, ma superiore a tutti i più famosi secoli dell'antichità ed allo stesso secolo d'Augusto".

Non a caso la disputa si accentrò intorno al valore di alcuni classici greci e latini. Nelle *Réflexions critiques sur Longin* (1694), Boileau difendeva accanitamente Pindaro e Omero e in un feroce epigramma accusava di empietà lo spregiatore di Omero, di Platone, di Cicerone e di Virgilio[56]:

[55] Sulla *Querelle*: P. FRANKL, *Histoire des querelles littéraires,* Paris 1771; H. RIGAULT, *Histoire de la querelle des anciens et des modernes,* Paris 1856; H. GILLOT, *La querelle des anciens et des modernes en France,* Paris 1914; G. MARGIOTTA, *Le origini italiane della querelle des anciens et des modernes,* Roma 1953; E. GARIN, *L'educazione in Europa,* Bari 1957, pp. 2?3-297.

[56] N. BOILEAU, *Réflexions critiques sur quelques passages de Longin et Lettre à Monsieur Perrault,* in *Œuvres diverses du Sr. Boileau Despréaux,* Amsterdam, chez Henri Schelte, 1702, vol. II, pp. 109-183; 185-198. L'epigramma citato è nel vol. I, p. 253; ma cfr. alla stessa pagina:
D'où vient que Ciceron, Platon, Virgile, Homere,
Et tous ces grands Auteurs que l'Univers révère,
Traduits dans vos Ecrits nous paroissent si sots?
Perrault, c'est qu'en prêtant à ces Esprits sublimes
Vos façons de parler, vos bassesses, vos rimes,
Vous les faites tous des Perraults.

Pour quelque vain discours sottement avancé
Contre Homere, Platon, Ciceron ou Virgile,
Caligula par tout fut traité d'insensé,
Neron de furieux, Hadrien d'imbecille.
Vous donc, qui dans la même erreur,
Avec plus d'ignorance, et non moins de fureur
Attaquez ces Heros de la Grèce et de Rome;
Perrault, fussiez-vous Empereur,
Comment voulez-vous qu'on vous nomme?

Anche Fontenelle sottolineava il fatto che "l'eloquenza e la poesia erano l'argomento della contesa fra antichi e moderni". Ma nella sua opera emergeva chiaramente il concetto della continuità del sapere e del progresso indefinito: "Uno spirito colto e, per così dire, composto da tutti gli spiriti dei secoli precedenti: uno spirito solo si è educato durante tutto questo tempo... Gli uomini non degenereranno mai e le sane vedute di tutti i buoni spiriti che si succederanno, si aggiungeranno le une alle altre. Siamo in un secolo in cui le arti cercano di trarre profitto dei nuovi lumi della filosofia" e un progresso reale si verifica solo nell'ambito della conoscenza scientifica. Nell'eloquenza e nella poesia, che dipendono dall'immaginazione, gli antichi possono essere superiori ai moderni; nella scienza si può invece trarre profitto dagli errori altrui e "gli ultimi fisici e matematici devono essere necessariamente i più abili".[57]

A conclusioni non diverse da queste, giungevano, indipendentemente dal Fontenelle, alcuni autori inglesi della seconda metà del Seicento. A differenza di quanto avviene in Francia, la disputa sui moderni e gli antichi, che fa da sfondo alla celebre satira di Jonathan Swift, si ac-

[57] B. DE FONTENELLE, *Digression sur les anciens et les modernes,* in *Œuvres*, Paris 1767, IV, pp. 179, 190; *Sur la force nécessaire pour remonter les bateaux,* in *Histoire de l'Académie Royale des Sciences, année 1702,* Amsterdam 1735, pp. 167-168. Su Fontenelle: J.R. CARRÉ, *La philosophie de Fontenelle ou le sourire de la raison*, Paris 1932; F. GRÉGOIRE, *Fontenelle, une philosophie désabusée*, Nancy 1947; A. ROBINET, *Considérations sur un centenaire: Notes soumises aux historiens de Fontenelle,* in "Revue de Métaphysique et de Morale", 1958; L.M. MARSAK, *B. de Fontenelle: the Idea of Science in the French Enlightenment*, in "Transactions of the American Philosophical Society", XLIX, 1959.

centra in Inghilterra intorno ai temi della filosofia naturale, delle scienze, delle arti meccaniche. Nata indipendentemente dalla *querelle*, essa trae vita e ispirazione dalla vigorosa polemica baconiana contro il metodo e la cultura degli antichi.[58]

Un'intera sezione della *Apologie* di George Hakewill (1627) è dedicata alle invenzioni dei moderni, alle tecniche usate nell'agricoltura, nella stampa, nella navigazione.[59] Rifiutando la tesi dell'invecchiamento e del decadimento del mondo, Hakewill aveva teorizzato la circolarità del progresso delle arti; Joseph Glanvill, mentre difende gli scopi e le funzioni della Royal Society, contrappone invece alla vecchia filosofia i risultati della nuova filosofia sperimentale che aprono all'uomo la possibilità di un cammino indefinito. Lo scritto di Glanvill ha un titolo significativo: *Plus ultra, or the progress and advancement of knowledge since the days of Aristotle* (1668). La difesa della Royal Society si trasformava qui nella difesa dei moderni; la geografia, la matematica, la chimica, la storia naturale, le invenzioni erano altrettanti segni della loro superiorità. Allo "sconosciuto inventore della bussola", afferma Glanvill, è dovuta "più riconoscenza che a mille Alessandri o Cesari o a dieci Aristoteli. Costui operò per il progresso del mondo e per l'avanzamento della conoscenza più di quanto non abbiano fatto i sottili disputatori" che son vissuti dall'epoca antica a oggi. D'altra parte, le nuove isole e il nuovo continente che si estendono al di là dell'Oceano, hanno offerto all'uomo "un più ampio campo della natura".

Gli orientamenti di Glanvill erano ben definiti. In un libretto intitolato *Plus ultra reduced to Non plus* Henry Stubbe attaccò violentemente l'opera di Glanvill accusando la Royal Society di voler sostituire all'educazione umanistica una educazione "materialistica e meccanica" ed esprimendo la sua meraviglia per il fatto che Glanvill non era giunto ad affermare la superiorità dei moderni anche sul terreno della

[58] Sulla polemica fra antichi e moderni in Inghilterra, cfr. R. F. JONES, *Ancients and Moderns: A Study of the Background of the "Battle of the Books"*, St Louis 1936.

[59] G. HAKEWILL, *An Apologie or Declaration of the Power and Providence of God in the Government of the World, Consisting in an Examination and Censure of the Common Errour Touching Nature's Perpetual and Universal Decay*, London 1627.

pittura e delle arti belle.[60] La risposta di Glanvill è precisa: la controversia non riguarda solo la Royal Society, ma dev'essere estesa a tutti i sostenitori dei moderni; la nuova educazione scientifica deve sostituire la formazione pedagogica tradizionale: egli non ritiene affatto che i moderni siano necessariamente superiori agli antichi nelle arti belle; di fatto, anzi non lo sono; ma altro è il terreno sul quale deve svolgersi, per aver senso, la discussione intorno al progresso.

Su questo punto è ancora più esplicito William Wotton che, con le *Reflections upon ancient and modern learning* (1694), si inserì nella polemica condotta da William Temple contro Fontenelle. Wotton si richiama più all'opera di Glanvill che a quella di Perrault e si rifiuta di sostenere, com'era accaduto in Francia, la superiorità dei moderni nell'eloquenza e nella poesia. L'oratoria era, nell'ambito della civiltà antica, assai più utile e incoraggiata di quanto non sia oggi e, in conclusione, "vi sono cose che non dipendono, quanto alla loro verità, dalle opinioni degli uomini, ma da uno strumento di paragone fisso e indiscutibile. Per questa ragione, mentre potrà essere sempre dibattuto chi ha avuto i più grandi oratori e poeti, non potrà essere invece oggetto di controversia la superiorità dei geometri, aritmetici, astronomi, musici, botanici e simili. In questo caso un opportuno confronto fra le invenzioni, le osservazioni, gli esperimenti, le collezioni, dovrà senza dubbio porre fine alla discussione".[61]

Al progresso della tecnica e delle scienze non facevano appello, in Inghilterra, solo i baconiani e i difensori della Royal Society. Nell'opera del teologo anglicano John Edwards ricompaiono, curiosamente adattati alle particolari esigenze del suo discorso, questi stessi temi: "Le diligenti ricerche svolte in patria e i viaggi in remoti paesi han dato luogo a nuove osservazioni e rilievi nonché a straordinarie scoperte ed invenzioni. In tal modo noi superiamo (*surpass*) tutti i tempi che sono stati prima di noi ed è an-

[60] Di Henry Stubbe, oltre all'opuscolo citato, cfr. *Legends no Histories*, London 1670 (prefazione) e lo scritto *Campanella Revived*, London 1670, nel quale viene criticata l'idea di far servire lo studio della scienza e della matematica a distogliere i sudditi da discussioni di carattere politico-religioso.

[61] W. WOTTON, *Reflections upon Ancient and Modern Learning*, London 1694, pp. 77-78.

che altamente probabile che i tempi venturi supereranno quelli presenti. Confesso di non comprendere perché mai non ci si dovrebbe attendere un corrispondente avanzamento (*improvment*) nella conoscenza di Dio, nella morale e nelle virtù cristiane. Può esistere una qualche ragione perché Dio non faccia prosperare la religione, così come prosperano le arti?".[62]

5. *Il progresso mediante la collaborazione: le accademie*

Le conquiste della scienza e della tecnica sono la vivente testimonianza della superiorità dei moderni; esse offrono la prova più evidente del carattere progressivo della conoscenza. Il sapere "trasmissibile" (e quindi sempre riutilizzabile e suscettibile di perfezionamento) è superiore a ogni forma di solitaria sapienza spirituale. Per l'uomo di cultura – è stato detto benissimo – era nato in questi anni un compito nuovo: quello della *collaborazione intellettuale.* Da questo ideale di un sapere risultante dalla collaborazione traggono vita i frequentissimi rapporti fra i dotti, i grandiosi epistolari, le grandi accademie e società scientifiche del secolo XVII. Nel 1635, scrivendo a Peiresc, Mersenne aveva avanzato il progetto di un'accademia che riunisse i dotti di tutta Europa[63] e già dieci anni prima, polemizzando contro le pretese degli alchimisti, aveva proposto la fondazione di un'accademia dove, "senza più misteri né arcani", si studiassero in comune i risultati effettivi delle loro esperienze.[64] I limiti dell'attuale filosofia, la sua incapacità di effettivo progresso dipendono dalla sua generalità, dalla mancanza di cooperazione fra gli studiosi, dal fatto che ciascuno non si è applicato a un determinato e limitato settore delle scienze. "Se i nostri padri e predecessori avessero messo in pratica questo precetto, la filosofia avrebbe da gran tempo raggiunto un alto grado di

[62] J. EDWARDS, *A Compleat History or Survey of All the Dispensations and Methods of Religion, from the Beginning of the World to the Consummation of All the Things,* London 1699, II, p. 615. Su questa difesa del progresso da parte di "religiosi" cfr. R.S. CRANE, *Anglican Apologetics of the Idea of Progress*, in "Modern Philology", 1934, pp. 273-306.

[63] R. LENOBLE, *Mersenne et la naissance du mécanisme*, Paris 1943, p. 92.

[64] M. MERSENNE, *La verité des sciences*, Paris 1625, p. 105.

perfezione e noi non perderemmo oggi il tempo sulle prime difficoltà che si presentano ora altrettanto difficili quanto apparvero nei primi secoli, quando furono rilevate per la prima volta. Avremmo ora l'esperienza dei fenomeni che potrebbe servire da principio a un solido ragionamento, la verità non sarebbe così sepolta nel profondo, la natura non sarebbe più così nascosta e potremmo vedere tutte le meraviglie che essa contiene."[65]

Scriverà Malebranche nel 1674: "Si dice che bisogna rispettare l'antichità; Aristotele, Platone, Epicuro, questi grandi uomini, si sarebbero forse ingannati? E non si considera che Aristotele, Platone, Epicuro erano uomini come noi, della stessa nostra specie e che, per di più, il mondo è di duemila anni più vecchio nel tempo in cui viviamo, che ha più esperienza, che dev'essere più colto e che infine è la vecchiezza del mondo e dell'esperienza che ci fa scoprire la verità".[66]

Intorno alla metà del secolo, per la prima volta nella storia, degli studiosi si erano riuniti per dar vita a organizzazioni di ricerca fondate sulla cooperazione fra i ricercatori e sulla pubblicità dei risultati raggiunti. Tali organizzazioni erano espressamente costituite per consentire una sistematica collaborazione fra gli scienziati. *L'avanzamento e il progresso delle scienze e delle arti attraverso la collaborazione*; questo lo scopo comune che si propongono le prime accademie scientifiche moderne: l'Accademia del Cimento (1657), la Royal Society (1662), l'Académie des sciences (1666).[67]

[65] M. MERSENNE, *Les préludes de l'harmonie universelle*, Paris 1634, pp. 135-136.

[65] N. MALEBRANCHE, *Recherche de la verité*, II, 2, 3, in *Œuvres complètes*, Paris 1962-84, I, p. 283.

[67] Sulla funzione e le caratteristiche delle accademie: A.J. GEORGE, *The Genesis of the Académie des Sciences*, in "Annals of Science", 1938; F.A. YATES, *The French Academies of the Sixteenth Century*, London 1947; H. BROWN, *Scientific Organisations in Seventeenth Century France*, Baltimore 1934; M. ORNSTEIN, *The Role of Scientific Societies in the Seventeenth Century*, Chicago 1938. Sulla collaborazione intellettuale: T. GREGORY, *Scetticismo ed empirismo: studio su Gassendi*, Bari 1961, p. 176, ma il libro è pieno di importanti osservazioni su quest'ordine di problemi.

6. *L'umanità come soggetto conoscente: Pascal*

Nella prefazione alla prima edizione delle *Philosophical Transactions* (1666), dando vita a una delle più grandi raccolte di atti scientifici del mondo, il baconiano Oldenburg, segretario della Royal Society, descriveva le caratteristiche ed enunciava gli scopi della pubblicazione: "Queste *Transactions* sono pubblicate affinché possa essere ulteriormente aumentata l'aspirazione ad una solida e utile conoscenza e... affinché i ricercatori siano invitati e incoraggiati a cercare, a sperimentare, a trovare cose nuove, a trasmettersi reciprocamente le loro conoscenze e a contribuire, per quanto possono, al grande fine di far progredire la scienza della natura... Tutto per la gloria di Dio, l'onore e il vantaggio di questo Regno, il bene universale del genere umano".

Facendo riferimento alle origini della Académie des Sciences e richiamandosi al prodigioso sviluppo delle scienze matematiche e naturali, Fontenelle insisteva anch'egli sul tema della collaborazione: "Questo interesse largamente diffuso per la filosofia fece sorgere presso i dotti il desiderio di comunicarsi l'un l'altro le loro scoperte. E già, più di cinquant'anni prima, coloro che vivevano a Parigi usavano frequentare il padre Mersenne il quale, essendo amico dei più illustri uomini d'Europa, era lieto di far da tramite fra essi. Gassendi, Hobbes, Roberval, i due Pascal, padre e figlio, Blondel e alcuni altri, erano usi frequentare Mersenne".[68] Tutto ciò che si osserva, si esperimenta, si studia e si apprende deve essere messo a disposizione di tutti e a tutti comunicato perché l'esperienza, il *lento accumularsi dell'esperienza, è la fonte e la garanzia del progresso del genere umano*. Sulla base di questa nuova concezione della *scienza* come costruzione progressiva fondata sulla cooperazione – una realtà non mai finita ma sempre perfezionabile – si era andato formando anche un nuovo modo di considerare la *storia* umana. Essa poteva ora apparire come il prodotto di un lavoro comune, come il risultato dello sforzo di più generazio-

[68] B. DE FONTENELLE, *Histoire de l'Académie Royale des Sciences*, Paris 1733, I, p. 4.

ni, ciascuna delle quali utilizza le fatiche delle generazioni precedenti, come il lento accumularsi di una serie di esperienze successivamente integrabili e perfezionabili: "le prime conoscenze che gli antichi ci hanno dato son servite da scalini per salire alle nostre e proprio in questo siamo loro debitori della superiorità che abbiamo su di essi, perché, essendosi elevati fino a quel certo grado cui ci hanno portato, basta un piccolo sforzo per salire più in alto... Quelli che chiamiamo antichi in verità erano nuovi a tutto, e formavano propriamente l'infanzia del genere umano; e siccome noi abbiamo aggiunto alle loro conoscenze l'esperienza dei secoli che li hanno seguiti, è in noi che si può trovare quell'antichità che onoriamo negli altri".[69] Il nostro panorama è più vasto di quello dei nostri progenitori giacché la nostra esperienza tiene conto della loro esperienza; non si tratta di affermare in astratto la superiorità dei moderni; si deve anzi riconoscere che gli antichi "conoscevano altrettanto bene che noi tutto quello che della natura potevano osservare", solo che "non ne conoscevano altrettanto e noi vediamo più di loro". Per questo, "senza contraddirli, possiamo asserire il contrario di ciò che essi dicevano".

All'affermarsi di queste idee aveva senza dubbio grandemente contribuito il diffondersi di una tesi sulla quale Campanella e Bacone, Le Roy e Bodin avevano a lungo e concordemente insistito: conseguentemente alle scoperte della tecnica e ai grandi viaggi di esplorazione, il genere umano ha finalmente conquistato una sua sostanziale unità. "Non solo ogni uomo progredisce di giorno in giorno nelle scienze, ma tutti gli uomini insieme compiono in esse un continuo progresso nella misura che l'universo invecchia, perché nella successione degli uomini succede la stessa cosa che nelle diverse età di un singolo. Di modo che tutta la serie degli uomini, nel corso di tanti secoli deve essere considerata come un medesimo uomo che esista sempre e impari continuamente."

In questo testo, che risale al 1647 e che restò sconosciuto ai suoi contemporanei, Pascal aveva dato organica

[69] Questa, e le citazioni che seguono, da B. PASCAL, *Préface pour le Traité du vide*, in *Œuvres complètes*, ed. J. Chevalier, Paris 1954, p. 534. Cfr. *Opuscoli e scritti vari*, a cura di G. Preti, Bari 1959, pp. 7-9.

formulazione alla concezione della storia come progresso. Anch'egli – come poi Comenio e Leibniz – aveva insistito su un motivo di importanza fondamentale: il soggetto conoscente non è l'individuo isolato, ma l'intera umanità che progredisce nel tempo.[70]

[70] Fra i lavori d'insieme sull'idea di progresso che si sono qui utilizzati: J. DELVAILLE, *Essai sur l'histoire de l'idée de progrès jusqu'à la fin du XVIIIe siècle*, Paris 1910; J.B. BURY, *L'idea di progresso*, Milano 1964; R. HUBERT, *Essai sur l'histoire de l'idée de progrès*, in "Revue d'hist. de la philos. et d'hist. générale de la civilisation", 1934, 1935. Fra gli studi particolari, oltre ai già ricordati lavori dello Zilsel e del Jones: H. WEISINGER, *Ideas of History during the Renaissance*, in "Journal of the History of Ideas", 1945, pp. 415-435; F. DIAZ, *Idea di progresso e giudizio storico in Voltaire*, in "Belfagor", 1954, I; A. CENTO, *Condorcet e l'idea di progresso*, Firenze 1956. Il frammento di Pascal citato nel testo, che risale con ogni probabilità al 1647, fu pubblicato per la prima volta nella edizione Bossut del 1779.

Capitolo terzo
Filosofia, tecnica e storia delle arti nel Seicento

1. *Tommaso Campanella*

Perché, si era chiesto Bruno, dobbiamo sforzarci di alterare e corrompere lo stato della natura, che "ha distinto l'universo in cose maggiori e minori, superiori ed inferiori, illustri e oscure, degne e indegne, non solo fuor di noi, ma ed ancora dentro di noi, nella nostra sustanza medesima?". La gerarchia delle facoltà finiva per identificarsi con l'ordine dell'universo e per codificare la necessità di un insormontabile dualismo di classi e di ceti.[1] Proprio dalla volontà di superare queste gerarchie e queste distinzioni fu animato Tommaso Campanella quando stese, nelle pagine della *Città del Sole,* il programma rivoluzionario di una società democratica e razionale. La tradizionale distinzione fra arti speculative e arti meccaniche viene qui rifiutata e si esalta il lavoro – anche il più modesto e umile lavoro – come elemento centrale e decisivo della formazione dell'uomo: "Nullo reputa viltà lo servire in mensa, in cucina o altrove, ma lo chiamano imparare... onde chi è deputato a qualche offizio, lo fa come cosa onoratissima, e non tengono schiavi, perché essi bastano a sé stessi, anzi soverchiano... E quello è tenuto in più gran nobiltà che più arti impara, e meglio le fa. Onde ridono di noi che gli artefici appelliamo ignobili, e diciamo nobili quelli che nell'arte imparano e stanno oziosi".[2] Il riconoscimento della dignità del lavoro e delle

[1] G. BRUNO, *Degli eroici furori*, in *Opere*, Bari 1927, vol. II, p. 464. Cfr. F. BATTAGLIA, *La filosofia del lavoro*, Bologna 1951, p. 92.

[2] T. CAMPANELLA, *Città del Sole,* a cura di N. Bobbio, Torino 1941, pp. 64, 76.

arti meccaniche conduceva Campanella a rifiutare anche la concezione classista della società fondata sulla contrapposizione degli uomini "divini" agli uomini che lavorano con le mani. Ottima repubblica è quella nella quale ciascuno "è eletto a fare quello officio al quale è nato", perché allora la vita associata degli uomini non è guidata dal caso, ma è retta dalla ragione. Cittadini della repubblica sono indistintamente tutti coloro che esercitano – sulla base delle loro naturali capacità – una funzione socialmente produttiva: "chiamiamo cittadini non solo coloro che partecipano al governo, ma tutti coloro che vivono assieme ed esercitano una qualunque arte utile alla repubblica così come un membro che esercita nel corpo una qualunque funzione; gli altri chiamiamo ospiti o rifiuti (*excrementa*) della repubblica, quali sono molti nobili di quest'età".[3]

Campanella – pur tanto profondamente legato al clima della magia e dell'astrologia – avvertì come pochi altri il carattere rivoluzionario delle grandi scoperte della tecnica e dei grandi viaggi di esplorazione. "Più vide Cristofano Colombo, genovese, con gli occhi, e più col corpo corse, che non fecero gli poeti, filosofi e teologi, Augustino e Lattanzio, con la mente, che negaro gli antipodi." Nelle "stupende" invenzioni della bussola, della stampa e della polvere da sparo egli vide i "segni dell'union del mondo", la prova di un *accelerarsi* del corso della storia: "v'è pìu historia in cent'anni che non n'ebbe il mondo in quattromila; e più libri si fecero in questi cento che in cinquemila".[4] Queste invenzioni, che operano sulla natura e la trasformano, sono il segno della "possanza dell'uomo"; la sua dignità e la sua divinità non consistono solo nell'"ascendere al cielo con la matematica, e saper le nature e moti e misure delle cose celesti", ma anche nel suo fare e operare per comandare a tutte le cose terrene e marine mediante l'arte della navigazione e la scrittura e la stampa e gli orologi che misurano il tempo[5]:

[3] T. CAMPANELLA, *Aforismi politici*, a cura di L. Firpo, Torino 1941, pp. 99, 160, 161.

[4] T. CAMPANELLA, *Poesie*, a cura di G. Gentile, Bari 1915, p. 86; *Città del Sole*, cit., p. 109.

[5] Ivi, p. 172. I versi citati nel testo sono: 17-20; 26-30; 41-48, alle pp. 170-172 dell'ed. cit.

E, dio secondo, miracol del primo,
egli comanda all'imo, – e 'n ciel sormonta
senz'ali, e conta – i suoi moti e misure
e le nature...
Il vento e 'l mare ha domo, – e 'l terren globbo
con legno gobbo – accerchia, vince e vede,
merca e fa prede.
Merca e fa prede; a lui poca è una terra.
Tuona, qual Giove, in guerra...
...Egli astuto
ha dato al cuoio muto – ed alle carte
di parlar arte; – e che i tempi distingua
dà al rame lingua.
Dà al rame lingua, perc'ha divina alma.
La scimia e l'orso han palma, – e non sì industre,
che 'l fuoco illustre – maneggiasse; ei solo
si alzò a tal volo.

2. *Descartes*

Nonostante l'avida curiosità verso il rinnovamento in atto nella scienza e verso i nuovi ritrovati della tecnica, Campanella – come ha di recente ribadito il Corsano – rimase sostanzialmente "estraneo al grande rinnovamento metodologico e produttivo dell'età sua".[6] Su un terreno ben diverso da quello della magia – anzi in violenta polemica con essa – ebbe ad affermarsi, nel Seicento, la concezione della scienza come sapere intersoggettivo, comunicabile, capace di progredire su se medesimo. La polemica contro ogni forma di sapere "occulto", la difesa della dignità delle arti meccaniche all'interno del mondo della cultura: questi temi ebbero risonanze profonde anche là dove la preoccupazione per l'apparato teorico-concettuale della scienza e il tentativo di inserire i fenomeni naturali in uno "schema di concetti razionali" erano assai più vivi che in Agricola o in Bacone.

Da questo punto di vista presenta un interesse singolare la posizione di Cartesio che non disdegnò certo di occuparsi di macchine e di artifici[7] e nel cui pensiero appare del

[6] A. CORSANO, *Tommaso Campanella*, Bari 1961, pp. 239 sgg.
[7] Cfr. per esempio: R. DESCARTES, *Œuvres*, ed. Adam et Tannery, I, pp. 211, 435, 447; VI, p. 81.

tutto abbandonata l'antica condanna delle arti meccaniche. Nel testo delle *Regulæ*, composte fra il 1619 e il 1628, troviamo presente l'affermazione che il metodo "imita quelle arti meccaniche che non hanno bisogno dell'aiuto di altre, ma dicono esse medesime in qual modo si debbono fabbricare i loro strumenti".[8] Il riferimento alle arti meccaniche e ai "mestieri dei nostri artigiani" ricompariva anche nella sesta parte del *Discorso sul metodo,* là ove Cartesio auspicava "l'invenzione di un'infinità di artifici, i quali consentirebbero di godere, senza pena alcuna, dei frutti della terra e di tutte le comodità che vi si trovano". In queste stesse pagine ritornava, espressa con molta energia, la tesi baconiana di una "filosofia pratica" capace di rendere l'uomo "quasi padrone e possessore della natura". Le nozioni generali riguardanti la fisica, scrive Cartesio, "m'han fatto vedere che è possibile giungere a delle conoscenze che siano utilissime alla vita e che, invece di quella filosofia speculativa che si insegna nelle scuole, se ne può trovare una pratica, per mezzo della quale, conoscendo la forza e le azioni del fuoco, dell'acqua, dell'aria, degli astri, dei cieli, e di tutti gli altri corpi che ci circondano, tanto distintamente quanto noi conosciamo i diversi mestieri dei nostri artigiani, noi le potremmo impiegare nello stesso modo a tutti gli usi ai quali esse sono adatte e, in tal modo, renderci quasi padroni e possessori della natura".[9]

In queste pagine Cartesio faceva sua anche la tesi della pubblicità dei risultati come indispensabile al sapere scientifico. Riferendosi alle "nozioni generali riguardanti la fisica" alle quali era pervenuto, scriveva: "io ho creduto di non poterle tener nascoste, senza peccare grandemente contro la legge che ci obbliga a procurare, per quanto è in noi, il bene generale di tutti gli uomini".[10] In affermazioni come queste era implicito il rifiuto di quelle "vie fuori dell'ordinario" alle quali avevano fatto appello quanti, maghi o naturalisti o alchimisti, avevano teorizzato la solitudine e la segretezza o la incomunicabilità del sapere. In una lettera scritta a Huygens nel marzo del 1638 Cartesio prendeva esplicita posizione contro ogni atteggiamento di questo ti-

[8] *Regulæ*, tr. di G. Galli, Torino 1943, p. 39.
[9] *Discours de la méthode*, ed. E. Gilson, Paris 1947, pp. 61-62.
[10] Ivi, p. 61.

po e, facendo riferimento al *De sensu rerum* di Campanella, non esitava ad affermare: "coloro che si smarriscono, affettando di seguire vie straordinarie, mi sembrano molto meno scusabili di coloro che sbagliano in compagnia e seguendo le traccie di molti altri".[11]

Ma non era precisamente la compagnia dei dotti l'ideale perseguito da Cartesio. Leibniz – in questo davvero "baconiano" – rimprovererà a Descartes "la vanità di voler essere solipsista".[12] Alla figura del genio singolo, capace di tutto abbattere e di tutto ricostruire seguendo l'ordine delle ragioni, egli contrapporrà l'immagine di un'umanità solidale che è il vero soggetto conoscente. Le accuse di Leibniz non erano in realtà senza fondamento, così come non è senza fondamento la definizione della sesta parte del *Discorso sul metodo* avanzata dal Lenoble: "un véritable traité du savant solitaire".[13] A guardare a fondo, in quelle pagine dall'apparenza così limpida, Cartesio finiva in realtà per togliere senso alla sua stessa affermazione di un sapere fondato sulla collaborazione e sulla pubblicità delle ricerche e dei risultati. L'appello rivolto agli altri ingegni perché contribuiscano alle esperienze da fare congiungendo la vita e il lavoro di molti in modo "da poter andare tutti insieme molto più lontano di quanto ciascuno in particolare non potrebbe fare" è in realtà l'appello rivolto da un maestro ai discepoli o, per riprendere il linguaggio cartesiano, da un capitano di eserciti ai suoi soldati: "obbligherei tutti quelli che desiderano in generale il bene degli uomini... tanto a comunicarmi [le esperienze] che hanno già fatte, quanto ad aiutarmi nella ricerca di quelle che restano da fare".[14] La richiesta della collaborazione non nasce dalla convinzione della superiorità di questa sulla solitaria riflessione, ma, al contrario, dalla consapevolezza della eccellenza della propria meditazione: "sebbene io mi riconosca estremamente soggetto a fallire, tuttavia l'esperienza che ho delle obiezioni che mi si possono fare, m'impedisce di sperarne profitto al-

[11] *Descartes à Huygens*, in *Œuvres*, Paris 1949, p. 786.

[12] A. Foucher de Careil, *Nouvelles lettres et opuscules inédits de Leibniz*, Paris 1857, p. 13.

[13] R. Lenoble, *La révolution scientifique du XVIIe siècle*, in *Histoire générale des sciences*, Paris 1958, II, p. 186.

[14] *Discours de la méthode*, cit., p. 65.

cuno... è raramente accaduto che mi si fosse obiettato qualcosa che io non avessi del tutto preveduta".[15] L'insufficienza dell'individuo singolo di fronte al compito di scoprire la verità nasce solo da difficoltà *di fatto*: le esperienze "sono tali e in così gran numero che né le mie mani né le mie rendite... saprebbero bastare per tutte". Respingendo quell'ideale della "mescolanza degli ingegni" che era stato di Bacone e che verrà ripreso da Leibniz, Cartesio respinge con vigore l'idea stessa di una collaborazione intellettuale: "se c'è al mondo qualche opera che non possa essere così ben compiuta da nessun altro che dallo stesso che l'ha iniziata, è quella alla quale io lavoro".[16]

Non può non tornare alla mente, per contrasto l'affermazione di Bacone: "In verità io pongo in movimento una realtà che altri sperimenteranno... non sono un cacciatore di gloria né ho il desiderio di fondare una setta come fanno gli eresiarchi... chiediamo che gli uomini, prendano parte essi stessi alle fatiche che restano da compiere". Cartesio non ha bisogno di altre intelligenze, i volontari che si offrissero di aiutarlo servirebbero solo a fargli perdere tempo; ciò che egli desidera è il denaro sufficiente a pagare la fatica di mani che eseguano lavori da lui diretti; ciò che chiede è di essere liberato da ogni preoccupazione economica e da ogni inutile perdita di tempo.[17]

Alla luce di queste considerazioni acquista un senso più preciso anche il passo del *Discorso sul metodo,* tanto fre-

[15] Ivi, pp. 68-69.

[16] Ivi, p. 72.

[17] Ivi, pp. 72-73: "È vero che, per quanto concerne le esperienze... un uomo solo non potrebbe bastare a compierle tutte; ma egli non potrebbe neppure impiegare utilmente in esse mani diverse dalle sue, se non quelle degli artigiani, o di gente che potrebbe pagare, ed alla quale la speranza del guadagno, che è un mezzo efficacissimo, farebbe fare con esattezza tutte le cose che egli prescrivesse loro. Infatti, per quel che riguarda i volontari che si offrissero di aiutarlo per curiosità o desiderio di imparare... essi vorrebbero senza fallo esser pagati con la spiegazione di alcune difficoltà o, quantomeno, con complimenti e conversazioni inutili... Se ci fosse al mondo qualcuno che si sapesse con certezza che è in grado di trovare le cose più grandi e più utili al pubblico che ci possano essere, e, per questa ragione, gli altri uomini si sforzassero con ogni mezzo di aiutarlo a portare a compimento i suoi progetti, io non vedo che cos'altro potrebbero fare per lui se non sopperire alle spese delle esperienze di cui egli possa aver bisogno, e, per il resto, se non impedire che il suo tempo gli venga tolto dalla importunità di qualcuno".

quentemente citato dai sostenitori dell'"umanesimo" cartesiano, nel quale l'immagine di un sapere che cresce nel tempo appare ancora una volta congiunta all'ideale della collaborazione fra i ricercatori. Il rimedio migliore contro la brevità della vita e la mancanza di esperienza appare a Cartesio quello "di comunicare fedelmente al pubblico tutto il poco che avessi trovato e di invitare i buoni ingegni a cercare di passare più avanti, contribuendo, ciascuno secondo la sua inclinazione e il suo potere, alle esperienze che bisognerebbe fare, e comunicando egualmente al pubblico tutte le cose che essi apprendessero, di modo che, cominciando gli ultimi dove i primi avessero terminato e congiungendo così le vite e il lavoro di molti, noi andassimo tutti insieme molto più lontano di quel che ciascuno in particolare non potrebbe fare".[18]

Isolando queste espressioni dal contesto del *Discorso sul metodo* si è visto in Cartesio un assertore della collaborazione fra gli scienziati e un teorico del progresso. Ma le cose stanno diversamente. L'ideale rigidamente deduttivo della scienza cartesiana e il tentativo compiuto da Cartesio di ancorare saldamente la fisica alla metafisica, non erano senza effetto sulla stessa formulazione del concetto di progressività del sapere. Nei *Principia* esso si configurava non come la successiva "scoperta" di nuove verità, ma come la deduzione e il "passaggio" da principi universalmente validi ad altre verità da essi ricavate o dedotte. Ancora una volta il confronto con Bacone può risultare illuminante. Il grande Cancelliere aveva posto l'accento sullo "spirito vitale" presente nelle arti meccaniche e sul fatto che esse si perfezionano nel *tempo* che è "l'autore degli autori e il padre della verità"; Cartesio pone invece l'accento sul nucleo di *verità* presente nelle arti anche quando esse sono, alle loro origini, rozze e imperfette. Bacone aveva polemicamente contrapposto le arti meccaniche "fondate sulla natura e sulla luce dell'esperienza... risultato del confluire degli ingegni di molti" e capaci quindi di progresso, alla sterilità della filosofia e delle scienze intellettuali "adorate e celebrate come statue perfettissime".[19] La posizione cartesiana è ben diversa da questa, lontanissima dagli intenti che erano stati

[18] Ivi, p. 63.
[19] F. BACON, *Works*, London 1857-74, I, pp. 457-458; III, pp. 289-290.

di Bacone e che saranno di Leibniz: "Giacché come si vede in tutte le arti che, pur essendo al principio rozze e imperfette, tuttavia, in quanto contengono qualcosa di vero, di cui l'esperienza mostra i risultati, si perfezionano a poco a poco con l'uso, così in filosofia, quando si hanno principi veri, non si può, seguendoli, non trovar talora altre verità. E non si potrebbe provar meglio la falsità dei principi di Aristotele che rilevando come non si sia saputo fare nessun progresso per il loro mezzo dopo tanti secoli che essi sono stati seguiti".[20]

Avvicinando le "arti" alla "filosofia", ponendole sullo stesso piano, in nome dell'ideale di un sapere deduttivo, Cartesio distruggeva in realtà il senso della contrapposizione e della polemica baconiana. La sterilità dell'aristotelismo dipende per lui dalla *falsità* dei principi della filosofia aristotelica. L'affermazione di Pascal secondo la quale si può asserire il contrario di ciò che sostenevano gli antichi senza per questo contraddirli, è priva di senso nell'ambito della filosofia cartesiana, così come non avrebbe senso, in questo tipo di filosofia, una *diagnosi storica* dei limiti e delle insufficienze delle filosofie del passato fondata (come in Bacone) sul rilievo dei limiti caratteristici di una civiltà. Rifiutando la contrapposizione delle arti meccaniche alla filosofia, Cartesio toglieva senso anche a quell'idea di progresso che da quella contrapposizione aveva tratto vitale alimento.

3. *Mersenne e Gassendi*

Se dobbiamo credere al Baillet, Cartesio era andato elaborando, negli ultimi anni della sua vita, il progetto di una grande scuola di arti e mestieri che avrebbe avuto il compito di stabilire contatti effettivi fra il lavoro degli scienziati e quello degli artigiani e dei tecnici: "i suoi consigli miravano a far costruire nel Collège Royal e in altri luoghi da destinare al pubblico, diverse grandi sale per artigiani; a destinare ogni sala per ciascun gruppo di mestieri; ad aggiungere ad ogni sala un gabinetto scientifico fornito di tutti gli strumenti meccanici necessari o utili alle arti che vi si

[20] *Principia,* in *Œuvres*, IX, pp. 18-19, tr. di E. Garin, Firenze 1940, p. 22.

dovevano insegnare; a rintracciare fondi sufficienti non solo alle spese richieste dalle esperienze, ma anche a compensare maestri o professori il cui numero sarebbe stato uguale a quello delle arti insegnate. Questi professori dovevano essere esperti di matematica e di fisica per poter rispondere a tutte le domande degli artigiani, render loro ragione di ogni cosa e illuminarli al fine di compiere nuove scoperte nelle arti".[21] Il progresso effettivo della scienza dipende per Cartesio dall'opera dei teorici. La tecnica, in quanto tale, non reca alcun contributo al progresso del sapere scientifico.

In Mersenne e Gassendi, che respingono entrambi come dogmatico il grandioso tentativo cartesiano di una fisica dimostrativa fondata su principi universali, è assai più viva che non in Cartesio la consapevolezza che la "vera fisica" è intimamente connessa alle *gentilles inventions* degli ingegneri e dei tecnici. La conoscenza descrittiva dei fenomeni e la pratica delle arti meccaniche: questi erano, per Mersenne, gli elementi costitutivi e caratteristici della nuova scienza.[22] Da un lato egli sosteneva la opportunità di rinunciare alle essenze, di relegare le discussioni sulla materia e sulla forma, sugli atomi e sulla materia sottile, nel regno delle speculazioni inverificabili; dall'altro difendeva, contro l'opinione degli antichi, la dignità delle arti e insisteva sul valore delle applicazioni pratiche della scienza. Per le scienze – scrive Mersenne nelle *Questions harmoniques* del 1634 – non è una degradazione, come ritenevano Pitagora e Platone, diventare "sensibili e meccaniche". Al contrario, Dio vuole che le arti e le scienze vengano "messe in pratica". Ogni scienza ci è stata donata da Dio e questo dono non è stato fatto "per la sola gioia dello spirito del teorico" ma affinché ogni scienza venga esercitata "in vista dell'utilità altrui e per l'onore di Colui che ne è il primo e sovrano autore". Attraverso le arti l'uomo si pone in grado di "costruire"; la statica, l'idraulica, la pneumatica "producono effetti così prodigiosi da far sembrare che gli uomini possano imitare le più ammirevoli opere di Dio". Attraverso di

[21] N. Baillet, *La vie de M. Des-Cartes*, Paris 1691, II, p. 434. Il testo è riprodotto in *Œuvres*, ed. Adam et Tannery, XI, pp. 659-660.

[22] R. Lenoble, *Mersenne et la naissance du mécanisme*, Paris 1943, pp. 534-535.

esse è possibile "rimuovere corpi d'ogni tipo... costruire un ponte privo di pilastri, rappresentare il corso dei pianeti e delle stelle in una piccola sfera".[23]

In polemica contro lo sterile sapere dei dialettici Gassendi contrapponeva, dal canto suo, la conoscenza degli empirici e degli artigiani alla pseudoscienza dei metafisici: "Quanto gioverebbe conoscere la storia delle pietre, dei metalli, dei minerali, degli animali e di altre cose di questo tipo delle quali esiste una così grande varietà piacevole alla conoscenza! Ma queste cose, obiettano, le conoscono i tagliapietre, gli orefici, gli erboristi, i cacciatori. I filosofi invece non hanno la minima considerazione per queste cose troppo volgari, mentre essi si vantano di riserbare se stessi alle cose che propriamente spettano alla filosofia. Ma vi pare proprio che Aristotele, Democrito e gli altri grandi il cui sapere è tanto considerato, non coltivassero la filosofia mentre svolgevano ricerche su questi argomenti? E queste brave persone che li trascurano, è proprio vero che hanno un maggior ossequio per la filosofia, quando discutono con tanto accanimento se si dia la forma della corporeità o che tipo di proprietà abbia quella forma che è detta forma del cadavere?".[24]

Gassendi lottava in realtà per stabilire una convergenza nuova fra il sapere degli empirici e quello dei filosofi. Il nuovo compito che egli assegnava alla ragione – è stato detto benissimo – era quello di una conoscenza "storica", fenomenica del mondo della natura e del mondo umano.[25] La conoscenza del particolare e la sua organizzazione secondo leggi quantitative e meccaniche, l'elaborazione di ipotesi probabili costituivano per lui l'unica forma valida di conoscenza. All'abbandono di una scienza di essenze, deduttiva e necessaria, corrispondeva l'abbandono della dialettica come strumento tipico del conoscere metafisico. Contro l'uso della dialettica Gassendi faceva appello, ancora una volta, al criterio della utilità della conoscenza e alle arti meccaniche. Quale commerciante o chimico o politico – si chiedeva nel-

[23] M. MERSENNE, *Questions harmoniques*, Paris 1634, p. 9; *La vérité des sciences*, Paris 1625, p. 893 e parte finale della prefazione.

[24] P. GASSENDI, *Exercitationes paradoxicæ adversus Aristoteleos*, in *Opera omnia*, Lugduni 1658, III, p. 107B.

[25] T. GREGORY, *Scetticismo ed empirismo: studio su Gassendi*, Bari 1961, pp. 127, 178.

le *Exercitationes* – ha mai fatto uso della dialettica? "È chiaro che se desidero conoscere la verità di alcune cose, dovrò rivolgermi a quelle arti e a quelle scienze che trattano *ex professo* di quelle cose, non alla dialettica. Ciascuna scienza, così come ha una sua propria verità da conoscere, ha anche proprie specifiche regole di quel conoscere."[26]

4. *Galileo*

Ma è in Galileo che troviamo per la prima volta storicamente realizzata la convergenza piena fra la tradizione che fa capo agli esperimenti e alla pratica degli artigiani e dei tecnici e la grande tradizione teorica e metodologica della scienza europea. L'approfondimento teorico della meccanica pratica – lo notava già Leonardo Olschki – e la sua trasformazione in scienza sono opera di Galilei: nella sua opera si fondono, in un saldo insieme di conoscenza teorica, la meccanica empirica e la scienza del moto.

Non varrebbe la pena di insistere su cose ovvie e di citare per esteso testi molto noti, se anche non fosse stata messa in circolazione e largamente divulgata l'immagine deformata di un Galileo razionalista e puro matematico, lontano, anzi addirittura avverso, al sapere dei tecnici e degli sperimentatori. Per questo gioverà in primo luogo ricordare il celebre inizio dei *Discorsi intorno a due nuove scienze* nel quale non solo è presente la tesi che il "filosofare" debba prendere in attenta considerazione il lavoro dei tecnici ed esercitarsi sulla "pratica" degli artigiani, ma viene esplicitamente riconosciuto che l'opera degli artigiani superiori, nella quale si accumula l'esperienza di generazioni ("uomini peritissimi e di finissimo discorso") costituisce un aiuto alla investigazione degli "intelletti speculativi".

> *Salviati*: Largo campo di filosofare a gl'intelletti specolativi parmi che porga la frequente pratica del famoso arsenale di voi, Signori Veneziani, ed in particolare in quella parte che meccanica si domanda; atteso che quivi ogni sorte di strumento e di machina vien continuamente posta in opera da numero grande d'artefici, tra i quali, e per l'osservazioni fatte dai loro ante-

[26] P. Gassendi, *Exercitationes*, cit., p. 152ab.

cessori, e per quelle che di propria avvertenza vanno continuamente per se stessi facendo, è forza che ve ne siano de i peritissimi e di finissimo discorso.
Sagredo: Vostra Signoria non s'inganna punto: ed io, come per natura curioso, frequento per mio diporto la visita di questo luogo e la pratica di questi che noi, per certa preminenza che tengono sopra 'l resto della maestranza, domandiamo proti; la conferenza de i quali mi ha più volte aiutato nell'investigazione della ragione di effetti non solo maravigliosi, ma reconditi ancora e quasi inopinabili.[27]

In Galilei è certo vivissima la consapevolezza che la elaborazione di una teoria trasferisce su un altro piano o, com'egli dice, "supera d'infinito intervallo", le attestazioni e le osservazioni degli empirici e dei tecnici. La differenza tra il *sapere* (l'essere a conoscenza di una verità di fatto) e l'*intender la cagione* risulta per esempio evidente nelle pagine dei *Discorsi* dedicate al moto dei proiettili:

> *Sagredo*: Piena di maraviglia e di diletto insieme è la forza delle dimostrazioni necessarie, quali sono le sole matematiche. Già sapevo io, per fede prestata alle relazioni di più bombardieri, che di tutti i tiri di volata dell'artiglieria, o del mortaro, il massimo, cioè quello che in maggior lontananza caccia la palla, era il fatto all'elevazione di mezzo angolo retto, che essi dicono del sesto punto della squadra; ma l'intender la cagione onde ciò avvenga, supera d'infinito intervallo la semplice notizia auta dalle altrui attestazioni, ed anco da molte replicate esperienze.
> *Salviati*: Vostra Signoria molto veridicamente discorre: e la cognizione di un solo effetto acquistata per le sue cause, ci apre l'intelletto a 'ntendere ed assicurarci d'altri effetti senza bisogno di ricorrere alle esperienze, come appunto avviene nel presente caso...[28]

Era qui esplicitamente teorizzata e riconosciuta la funzione esercitata, nell'ambito del sapere scientifico, dai cosiddetti "modelli teorici". *Fatto* è per la scienza solo ciò che viene raggiunto in base a precisi criteri di carattere teorico. L'interpretazione dei dati dell'esperienza può, in taluni

[27] G. GALILEI, *Discorsi e dimostrazioni matematiche intorno a due nuove scienze,* a cura di A. Carugo e L. Geymonat, Torino 1958, p. 13. Cfr. G. GALILEI, *Opere*, Firenze 1890-1909, VIII, p. 49.
[28] *Discorsi*, cit., p. 311. Cfr. *Opere*, cit., VIII, p. 296.

casi, avvenire sulla base di tesi prestabilite. In altri termini: alcune tesi vengono poste alla base anche di quei risultati dell'esperienza che "si discostano" da esse. Questi ultimi vengono interpretati come "circostanze disturbanti". Ecco un esempio di questo modo di procedere:

> Io argomento *ex suppositione,* figurandomi un moto verso un punto il quale partendosi dalla quiete vada accelerandosi, crescendo la sua velocità con la medesima proporzione con la quale cresce il tempo; e di questo moto io dimostro concludentemente molti accidenti: soggiungo poi, che se l'esperienza mostrasse che tali accidenti si ritrovassero verificarsi nel moto dei gravi naturalmente discendenti, potremmo senza errore affermare questo essere il moto medesimo che da me fu definito e supposto; quanto che no, le mie dimostrazioni, fabbricate sopra la mia supposizione, niente perdevano della sua forza e concludenza; sì come niente progiudica alle conclusioni dimostrate da Archimede circa la spirale, il non trovarsi in natura mobile che in quella maniera spiralmente si muova.[29]

Il galileiano Torricelli è ancora più esplicito:

> Io fingo e suppongo che qualche corpo si muova all'ingiù et all'insù secondo la nota proporzione et orizzontalmente con moto equabile. Quando questo sia, io dico che seguirà tutto quello che ha detto Galileo et io ancora. Se poi le palle di piombo, di ferro, di pietra, non osservano quella supposta direzione, suo danno: noi diremo che non parliamo di esse.[30]

Questi, sui quali ci siamo ora soffermati, sono aspetti fondamentali della metodologia galileiana che non è certo il caso di passar sotto silenzio per difendere, in polemica con il Koyré, il ritratto di un Galileo antiplatonico e empirista.[31] Così come non è possibile trasformare in una forma

[29] *Opere*, cit., XVII, pp. 90-91. Cfr. E. MAY, *Elementi di filosofia della scienza,* Milano 1951, pp. 63-64; E. CASSIRER, *Erkenntnisproblem,* tr. it. Torino 1952, I, p. 430.

[30] E. TORRICELLI, *Opere*, Faenza 1919, III, pp. 479-480.

[31] Cfr. di A. KOYRÉ, *Études Galiléennes,* Paris 1939-40, 3 voll.; *Galileo e Platone,* in "Atti della fondazione G. Ronchi", VIII, 2, 1953, ora in *Le radici del pensiero scientifico*, Milano 1971, pp. 156-182; *Dal mondo chiuso all'universo infinito,* Milano 1970, pp. 60-63, 71-76; *Newton, Galilée et Platon,* in "Annales", 1960, 6, pp. 1041-1059. Molti dei presupposti dai quali muove il Koyré vengono chiaramente alla luce nel suo più impor-

di *strumentalismo* quella che fu la fermissima fede galileiana in un mondo oggettivamente strutturato secondo le leggi della matematica, scritto in caratteri geometrici.[32] Ma l'aver rilevato i debiti profondi di Galileo verso il cosiddetto "platonismo" non autorizza certo a dimenticare o far passare in seconda linea, come episodi irrilevanti, il significato dell'interesse di Galileo per il lavoro dei tecnici; né la sua passione per l'osservazione, la misura, il disegno; né la sua venerazione per Archimede; né la costruzione (nell'officina annessa al suo studio padovano) del compasso geometrico-militare e del termo-baroscopio; né infine le sue ricerche sulla resistenza dei materiali e le sue innumerevoli lettere dedicate a discutere e analizzare i problemi connessi all'edificazione dei ponti, alla canalizzazione, al sollevamento delle acque, alla balistica, alle fortificazioni. Ed è Galileo, il platonico Galileo, che va in cerca di notizie da attingere presso i navigatori spagnoli e afferma che "le historie, cioè le cose sensate, sono i principi sopra i quali si stabiliscono le scienze".

Il significato e la portata rivoluzionaria dell'atteggiamento assunto da Galileo verso la tecnica e verso gli strumenti appaiono particolarmente evidenti quando si fa riferimento alla posizione da lui assunta verso il cannocchiale. Nonostante che Galileo, a quattordici anni dalla scoperta, affermasse di averlo ritrovato "per via di discorso", è stato ormai a sufficienza dimostrato che Galileo disponeva, intorno al 1609, di una scarsa preparazione ottica e che la scoperta "derivò dall'esperienza e non dalla matematica".[33] Ma ciò che dav-

tante lavoro d'insieme: *La rivoluzione astronomica: Copernico, Keplero, Borelli*, Milano 1966. Per la polemica con il Koyré sono da vedere: L. GEYMONAT, *Prefazione* alla ed. cit. dei *Discorsi*; *Galileo Galilei*, Torino 1957; l'antologia galileiana *Sensate esperienze e certe dimostrazioni*, a cura di F. Brunetti e L. Geymonat, Bari 1961, in particolare p. 19 e la nota a p. 247.

[32] Cfr., oltre agli scritti del Koyré, ora ricordati, E.A. BURTT, *The Metaphysical Foundations of Modern Physical Science*, London 1950, pp. 61 sgg., 309 sgg.; E.W. STRONG, *Procedures and Metaphysics*, Berkeley, Cal., 1936; A. BANFI, *Galileo Galilei*, Milano 1949, p. 271 e *passim*; E. GARIN, *La filosofia*, in "Storia dei generi letterari italiani", Milano 1947, pp. 287 sgg.; *La nuova scienza e il simbolo del libro*, nel vol. *La cultura filosofica del Rinascimento italiano*, Firenze 1961, pp. 454 sgg.

[33] Cfr. V. RONCHI, *Galileo e il cannocchiale*, Udine 1942, pp. 179 sgg.; L. GEYMONAT, *Galileo Galilei*, cit., pp. 70 sgg.

vero conta e che segna una rivoluzione nell'atteggiamento dello scienziato, è la *fiducia* di Galileo in uno strumento nato nell'ambiente degli artigiani, progredito solo "per pratica", parzialmente accolto negli ambienti militari, ma ignorato, quando non disprezzato dalla scienza ufficiale. La dura opposizione galileiana contro il sapere di tipo libresco trae vita da questo nuovo atteggiamento assunto verso il sapere tecnico-artigianale, dal rifiuto della secolare separazione fra meccanica speculativa e meccanica empirica.

La fisica non costituisce più un esercizio "di ciò che è possibile fare in un determinato settore della filosofia"; il metodo non è un "fine in sé"; le ricerche sperimentali non sono isolati esempi di "osservazioni quotidiane" prive di effetto sulle dottrine generali. L'investigazione dei problemi del moto e del peso implica lo studio attento e diretto dei procedimenti impiegati dai meccanici degli arsenali, dai cannonieri, dagli ingegneri per sollevare pesi, per lanciare proiettili, per drenare terreni.

Non a caso gli uomini del Seicento interessati a una *storia delle arti,* cioè a una accurata descrizione delle tecniche di trasformazione della natura, vedranno in Galilei uno dei fondatori della nuova "filosofia sperimentale".

5. *Il progetto di una storia delle arti*

I limiti del metodo baconiano derivano senza dubbio da un'insufficiente valutazione della funzione svolta, nell'ambito del sapere scientifico, dalle ipotesi, dalle "anticipazioni dell'esperienza", dai sistemi assiomatici a carattere deduttivo. Le immagini tipicamente platoniche di un mondo a strutture matematiche e razionali, di un Dio geometra che compone il mondo *numero, pondere et mensura,* saranno senza dubbio più feconde, negli sviluppi della scienza moderna, dell'immagine baconiana della natura come "selva" e come "labirinto". La cosiddetta "incomprensione" baconiana per la matematica, che conduceva Bacone ad apprezzare più i "meccanici" come Agricola che i "teorici" come Copernico e Galileo, era profondamente connessa alla sua valutazione della logica come "filo del labirinto", come mezzo per ordinare la selva naturale.

In Galileo e nello stesso Newton, pur così profondamente legato a molte posizioni baconiane, si trova energicamente riaffermato quel principio che Bacone aveva relegato ai margini della sua teoria della realtà: quello della *semplicità,* della *economia* e della *inesorabilità* della natura. Proprio nell'ambito di quella impostazione "platonica" e di quest'affermazione della semplicità della natura (che ritorna anche nella prima delle quattro *regulæ* newtoniane) si giunse a un tipo di interrogazione della realtà naturale assai diverso da quello di Bacone che funzionava – come altrove ho cercato di dimostrare – sulla base di modelli attinti alla tradizione della retorica".[34]

Il ritratto di un Bacone "padre della scienza moderna" a causa della sua "scoperta del metodo induttivo", fu caro ai fondatori della Royal Society, agli autori della grande Enciclopedia illuministica e a non pochi storici e filosofi positivisti dell'Ottocento. Ma considerare ancora Bacone da questo punto di vista equivarrebbe – come ha notato argutamente Benjamin Farrington – a collocare Bacone su un piedistallo inappropriato in una parte inappropriata della galleria.

Resta tuttavia il fatto che quando Bacone si volge alle arti meccaniche e le considera capaci di rivelare i processi effettivi della natura, e vede in esse quella capacità di dar luogo a invenzioni e a opere della quale è privo il sapere tradizionale e quando, polemizzando contro la logica delle scuole, progetta una storia delle arti e delle tecniche come indispensabile presupposto a una riforma del sapere, egli si rende veramente interprete di alcune esigenze fondamentali della cultura del suo tempo e porta a piena consapevolezza alcuni temi di pensiero che si erano andati affermando ai margini della scienza ufficiale, in quel mondo di tecnici, di ingegneri e di costruttori del quale avevano fatto parte uomini come Biringuccio e Agricola. A queste sue tesi si richiameranno da un lato i sostenitori della "filosofia sperimentale" raggruppati intorno alla Royal Society, dall'altro scienziati e filosofi come Boyle e Leibniz.

Il progetto di una *storia meccanica* o storia delle arti fu per la prima volta formulato nell'*Advancement of Learning* del 1605 e poi ripreso, con maggior ampiezza e vigore, nella *Parasceve ad historiam naturalem et experimentalem* (pub-

[34] Cfr. P. Rossi, *Francesco Bacone, dalla magia alla scienza*, Bari 1957, pp. 332-504.

blicata nel 1620 in appendice al *Novum Organum*) e infine nel *De dignitate et augmentis scientiarum* del 1623. La storia delle arti, afferma Bacone, è stata finora considerata in modo così meschino e inutile che essa è da collocare fra i *desiderata* della nuova enciclopedia delle scienze. Sono state fatte alcune raccolte relative all'agricoltura e anche a molte arti meccaniche, "ma ciò che è pessimo in questo genere di trattazioni è il fatto che vengono sempre trascurati e respinti nelle singole arti gli esperimenti familiari e volgari che invece servono all'interpretazione della natura altrettanto o più di quelli già noti". Sembra che la cultura "subisca un disonore, se degli uomini dotti si abbassano alla ricerca ed alla osservazione delle cose meccaniche... In verità, se il mio giudizio può avere qualche peso, asserisco apertamente che l'uso della storia meccanica è, in rapporto alla filosofia naturale, massimamente radicale e fondamentale". Il compito della storia delle arti non consiste solo nel fatto che essa può "giovare al presente, connettendo e trasferendo le osservazioni di un'arte nell'altra e ricavando di qui nuovi vantaggi", essa potrà rivelarsi come "una luminosa fiaccola, atta a favorire l'indagine sulle cause delle cose e alla deduzione degli assiomi delle arti".[35]

È noto che Bacone, nell'ultimo periodo della sua vita, subordinò lo stesso progetto di una nuova logica alla storia della *natura libera* e alla storia della meccanica, cioè la storia della *natura modificata dalla mano dell'uomo*.[36] Sull'importanza di una storia delle tecniche artigiane Bacone insisteva, con particolare efficacia, nelle pagine della *Parasceve*: anche se tutti gli ingegni di tutte le epoche dovessero riunirsi, anche se tutti gli uomini si dedicassero allo studio della filosofia, anche se il mondo si riempisse di accademie e di collegi, nessun progresso sarebbe possibile senza una storia naturale e sperimentale.

Tale storia gli appariva come un'opera immensa (*res magnæ molis*), un'impresa "quasi regale" che non poteva esser portata a compimento senza grandi spese e fatiche.[37] Alle

[35] F. Bacon, *Works*, cit., I, pp. 497, 499-500 (*De Augmentis*); III, pp. 332-333 (*Advancement*).

[36] Per la tesi della superiorità della storia naturale sulla dottrina del metodo, cfr. *Novum Organum*, I, 130; *Works*, II, p. 16 (*Auctoris Monitum*).

[37] *Works*, I, pp. 393-394 (*Parasceve*); *Novum Organum*, I, 130.

arti meccaniche Bacone dedicava largo spazio nel suo catalogo comprendente centotrenta storie particolari. Tali storie, affermava, "mostrano le cose in movimento e guidano più direttamente alla pratica", attraverso di esse è possibile "strappare la maschera e i veli che nascondono gli oggetti naturali". È quindi opportuno, proseguiva, "rinunciare a tutte le delicatezze ed eleganze per concentrarsi sulla storia delle arti, per quanto queste possano apparire meccaniche e illiberali". Le tecniche che Bacone ritiene più fruttuoso sottoporre a esame sono quelle che alterano e trasformano gli oggetti materiali come "l'agricoltura la culinaria, la chimica, la tintura, le manifatture del vetro, dello smalto, dello zucchero, della polvere da sparo, della carta". Da non trascurare, anche se di minore utilità, gli appaiono quelle che "consistono principalmente in un movimento sottile delle mani o degli strumenti, come la tessitura, la manifattura di mulini, orologi e simili".[38]

In una pagina del suo *Diario* che risale al 1608, Bacone si era espresso non diversamente: per la compilazione di una storia meccanica, si proponeva di indagare sui materiali impiegati nelle arti, sugli strumenti e le macchine adoperati dagli artigiani e dai tecnici, sul modo di applicazione e d'uso di ogni strumento, sugli eventuali errori commessi dai tecnici a causa dell'isolamento della loro specifica arte, infine sugli eventuali modi di perfezionare e migliorare le tecniche di lavorazione.[39]

Il progresso della scienza, il miglioramento della condizione dell'uomo richiedono dunque, per Bacone, che il sapere dei tecnici venga inserito nel campo – a esso precluso per una secolare tradizione – della scienza e della filosofia naturale. I metodi, i procedimenti, le operazioni, il linguaggio delle arti meccaniche si erano affermati e perfezionati al di fuori del mondo della scienza ufficiale, in un mondo di ingegneri, di architetti, di artigiani qualificati, di costruttori di macchine e di strumenti. Quei metodi, quei procedimenti, quei linguaggi devono diventare ora oggetto di considerazione, di riflessione, di studio. E non si tratta solo dell'abbandono, da parte di un singolo intellettuale, di

[38] *Works*, I, pp. 399-400 (*Parasceve*).

[39] *The Letters and Life of F. Bacon, including all his occasional Works*, London 1890 sgg., 7 voll., IV, pp. 65-66 (*Commentarius solutus*).

inveterati pregiudizi contro le "cose meccaniche". I fini che Bacone indica sono molto più ampi e assai meno personali: le accademie, i collegi, le società scientifiche, i sovrani e gli stati devono porsi alla testa di questo moto di rinnovamento. Solo per questa via, con l'aiuto di queste grandi organizzazioni, la *experientia erratica* dei meccanici, lo sparso insieme di ricerche e di osservazioni degli artigiani, le quotidiane fatiche di coloro che trasformano la natura mediante l'opera delle mani potranno essere sottratte al caso e alle ambigue tentazioni della magia, dar luogo a un grandioso *corpus,* organico e sistematico, di conoscenze. E solo per questa via potrà realizzarsi il mondo e il tipo di società descritto nelle pagine della *Nuova Atlantide.*

6. *I baconiani inglesi e Robert Boyle*

Alla realizzazione di questo grandioso progetto baconiano lavorarono in Inghilterra, dopo il 1640, diversi gruppi di intellettuali.[40] Uno di questi gruppi, che ha fra i suoi *leaders* Robert Boyle, nacque dall'incontro dei futuri membri del cosiddetto *Philosophical College*: "Intorno al 1645, quando abitavo a Londra in un periodo in cui, a causa della guerra civile, i corsi accademici erano interrotti ad Oxford e a Cambridge... ebbi occasione di fare la conoscenza di varie persone di valore che si occupavano di filosofia naturale e di altri rami dello scibile e specialmente di ciò che si è chiamato *filosofia nuova* o *filosofia sperimentale*... Dai nostri discorsi avevamo escluso la teologia, il nostro interesse si volgeva alla fisica, all'anatomia, alla geometria, all'astronomia, alla navigazione, alla statica, al magnetismo, alla chimica, alla meccanica, agli esperimenti naturali... Dall'epoca in cui Galileo viveva a Firenze e Sir Francis Bacon in Inghilterra, questa *filosofia nuova* è stata coltivata con ardore in Italia, in Francia, in Germania e da noi, in Inghilterra".

Da questi incontri, che si effettuarono in un secondo tempo a Oxford, prese vita, nel 1660, la Royal Society che ebbe fra i suoi primi progetti quello di "compilare fedeli re-

[40] Sulle caratteristiche di questi gruppi cfr. W.E. HOUGHTON, *La storia dei mestieri,* nel vol. *Le radici del pensiero scientifico,* a cura di Ph. Wiener e A. Noland, Milano 1971, pp. 368-369.

soconti (*records*) di tutte le opere della Natura e dell'Arte" e di studiare, mediante il lavoro di apposite commissioni, "gli effetti degli esperimenti su tutte le arti manuali (*manual trades*)".[41] Portando al limite le posizioni di Bacone – che non aveva certo sostenuto la subordinazione della ricerca scientifica alle finalità proprie delle arti meccaniche – Thomas Sprat affermava: "Quale visibile beneficio portò mai l'antica filosofia? Gli antichi meccanici e artigiani (*mechanicks and artificers*) – ai quali principalmente dovrebbe esser diretta la vera filosofia naturale – erano ben lontani dall'essere in qualche modo aiutati da quelle astruse dottrine". A tutti i membri della Società si richiedeva d'altro canto "un modo di parlare discreto, nudo, naturale; espressioni positive; sensi chiari; la capacità di portare tutte le cose il più vicino possibile alla chiarezza della matematica; una preferenza per il linguaggio degli artigiani, dei contadini, dei mercanti piuttosto che per quello dei filosofi".[42]

Ma già negli anni che intercorrono fra la morte di Bacone (1626) e la fondazione della Royal Society (1663), ricercatori e riformatori come Samuel Hartlib, John Dury, William Petty, John Evelyn appaiono fortemente interessati al problema del miglioramento della società e delle invenzioni. Nella loro opera l'influenza di Bacone e le aspirazioni universalistiche di Comenio si associano strettamente a motivi di carattere economico-commerciale.[43] Nella utopia di Hartlib[44] la "Casa di Salomone" della *Nuova Atlantide* appare radicalmente trasformata: cinque "consigli di stato" ai quali spetta il reggimento della cosa pubblica, hanno compiti prevalentemente industriali e commerciali.

I *virtuosi* inglesi del secolo XVII sono l'espressione di una società che vede rapidamente aumentare il suo benessere a causa dei rapidi miglioramenti della tecnica. La passione per la scienza e per lo studio della natura è in essi vivissima, ma l'*advancement of learning* è soprattutto progresso nella tecnica, costruzione di ricchezza. "Per quanto riguar-

[41] TH. SPRAT, *History of the Royal Society*, London 1734, pp. 61, 378-403.

[42] TH. SPRAT, *History of the Royal Society*, London 1667, p. 113.

[43] Cfr. W.E. HOUGHTON, *La storia dei mestieri*, cit., pp. 369-370.

[44] S. HARTLIB, *A Description of the Famous Kingdome of Macaria*, London 1641.

da le invenzioni e le industrie," scrive John Dury, "io ricercherò principalmente quelle che fanno progredire il sapere... e che sono utili alla preservazione e all'aumento della ricchezza mediante i mestieri e le industrie meccaniche sia di terra sia di mare, sia di pace sia di guerra."[45] John Wilkins, esaltando la funzione della matematica e della filosofia naturale, si rivolge a un pubblico ben individuato: "Nelle mie ricerche filosofiche e matematiche, oltre che la felicità e il piacere che esse procurano, c'è anche la possibilità di un effettivo beneficio di carattere pratico: in particolare per quei gentiluomini che arrischiano il loro patrimonio in quelle gravose e dispendiose avventure come l'estrazione del carbone, il drenaggio delle miniere... e anche per quegli artigiani che sono abili nella pratica di queste arti".[46]

Nel progetto di un *gymnasium mechanicum* o "collegio di artigiani per il progresso di tutte le arti meccaniche e di tutte le manifatture" avanzato da William Petty nel 1648 ritroviamo presenti tutti gli elementi che caratterizzano la filosofia sperimentale: la polemica contro la cultura libresca; la riaffermazione della inscindibilità fra tecnica e scienza e delle finalità pratiche e utilitarie della scienza; il progetto di una completa storia delle arti; la speranza in una meravigliosa fioritura di invenzioni e di scoperte. Fra i libri adatti al *gymnasium mechanicum* "raccomandiamo in primo luogo la compilazione di un'opera che potrebbe avere come titolo: *Velleus aureum, sive facultatum luciferarum descriptio magna.* In essa dovrebbero essere largamente esposti tutti i mezzi impiegati dagli uomini in vista della loro sussistenza e mediante i quali essi costruiscono le loro fortune... Nella storia delle arti e delle manifatture dovrebbe essere descritto l'intero processo delle operazioni manuali e delle applicazioni di una cosa naturale all'altra mediante i necessari strumenti e macchine... In quest'opera non sono sufficienti le nude parole: tutti gli arnesi e strumenti devono essere dipinti e colorati dato che la descrizione, senza colori, risulterebbe insufficiente... I giovani, invece di leg-

[45] J. Dury, *The Purpose and Platform of My Journey into Germany,* 1631: il testo (dal Ms. Sloane 654 del British Museum) è pubblicato in G.H. Turnbull, *Samuel Hartlib*, London 1920, p. 11.

[46] J. Wilkins, *Mathematical and Philosophical Works*, London 1802, p. 128.

gere difficili parole ebraiche nella Bibbia... o di ripetere come pappagalli nomi e verbi irregolari, potranno leggere e apprendere la storia delle facoltà umane... e sarà più utile per i giovani spendere dieci o vent'anni nello studio delle cose e di questo libro, piuttosto che in quello di un mucchio di parole... Da quest'opera deve derivare un grande progresso di invenzioni utili ed onorevoli giacché un uomo potrà, con un solo sguardo, comprendere tutto il lavoro svolto dai nostri predecessori ed essere pertanto in grado di rimediare alle deficienze di un singolo mestiere con le perfezioni di un altro".[47] Questi progetti rispecchiavano aspirazioni molto diffuse. Nel collegio progettato da Abraham Cowley nel 1661 si sarebbero studiati "i misteri di tutte le arti e i loro progressi, la fabbricazione di tutti i prodotti... in breve tutte le cose contenute nel Catalogo delle storie naturali annesso all'*Organon* di Lord Bacon".[48]

*

In una lettera a Wotton del 30 marzo 1696, John Evelyn affermava di aver trovato assai piccola la biblioteca di Robert Boyle. Come quella di un uomo – scriveva – che "ha imparato, più che dai libri, dagli uomini, dagli esperimenti e dal suo laboratorio che è invece ampio e ben fornito".[49] L'entusiasmo per la tecnica e per le arti meccaniche di uomini come Evelyn, Petty e Boyle era strettamente connesso alla polemica – che nel loro ambiente fu vivissima – contro la cultura tradizionale e libresca impartita nelle scuole: di qui derivava la contrapposizione, in essi presente, dello "scienziato" e dello "sperimentatore" all'"erudito" che si è formato esclusivamente sui libri.

Gli studi ai quali mi applico – scriveva Boyle a Marcomber nell'ottobre del 1646 – "sono la filosofia naturale, le meccaniche e l'agricoltura, in accordo con i principi del

[47] *The Advice of William Petty to Mr Samuel Hartlib for the Advancement of Some Particular Parts of Learning* (1648), pubblicato in *The Harleian Miscellany,* 1808-11, VI, pp. 146, 152-153, 155.

[48] A. COWLEY, *Proposition for the Advancement of Learning,* nel vol. *The Essays and Other Prose Writing,* ed. by A.B. Gough, London 1915, p. 34.

[49] *Diary of J. Evelyn to Which Are Added a Selection from His Familiar Letters,* London 1879, III, p. 485.

nostro nuovo collegio filosofico che valuta la conoscenza solo se essa è utile alla pratica".[50] Sulle pietre – scriverà nel '71 – ho imparato più da due o tre tagliatori di quanto non abbia mai appreso leggendo Plinio, Aristotele e tutti i loro commentatori.[51] In tutti i libri che ho letto nel corso della mia vita – affermava in una lettera non datata a Clodius – non ho mai visto rispecchiati quella varietà e quei sottili espedienti della natura che ho riscontrato invece operando la dissezione degli animali.[52]

Il libro della natura, l'officina degli artigiani, la sala anatomica vennero più volte contapposte da Boyle – in una polemica che sfiora in più punti una sorta di "primitivismo scientifico" – alle biblioteche, agli studi dei letterati e degli umanisti, alle ricerche puramente teoriche. Nelle *Considerations Touching the Usefulness of Experimental Natural Philosophy*, pubblicate nel 1671,[53] Boyle dava forma coerente e compiuta a questo indirizzo di pensiero e agli interessi e alle aspirazioni dei gruppi baconiani operanti nell'Inghilterra del Seicento. Ritroviamo presente, in queste pagine, la polemica di Bacone contro l'indifferenza degli uomini colti verso gli illetterati meccanici; l'affermazione della necessità di una storia della natura modificata dal lavoro; infine la tesi che i procedimenti della tecnica giovino, assai più della lettura dei classici, a una conoscenza effettiva del mondo naturale: "Un pregiudizio non meno pericoloso che generale colpisce la storia naturale e gli interessi del genere umano: il fatto che le persone colte e ingegnose siano state tenute estranee ai laboratori e alle pratiche degli artigiani... La maggior parte dei fenomeni che sorgono nelle arti sono una parte della storia naturale e richiedono pertanto l'attenzione degli scienziati. Questi fenomeni ci mostrano la natura in movimento (*they show us nature in motion*), quando essa viene distolta dal suo corso ad opera del potere dell'uomo ed è questo lo stato più istruttivo nel quale ci è consentito di scorgerla".[54]

Gli esperimenti compiuti dai "virtuosi" nei loro labora-

[50] R. Boyle, *Works*, ed. by Th. Birch, London 1744, I, p. 20.
[51] Ivi, III, p. 444.
[52] Ivi, IV, p. 55.
[53] Cfr. ivi, III, pp. 442-456.
[54] P. Shaw, *Works of Boyle Abridged*, London 1725, pp. 129-130.

tori, prosegue Boyle, hanno il pregio di una notevole accuratezza di osservazione, ma, negli esperimenti compiuti nelle officine degli artigiani, il difetto di una minore accuratezza è compensato da una maggior diligenza in ogni esperimento. L'artigiano mette ogni volta in gioco i suoi stessi mezzi di sussistenza e le osservazioni "sono ripetute più di frequente e fatte con maggiore assiduità di quanto non avvenga nella maggior parte delle esperienze mediante le quali gli uomini colti hanno arricchito la storia naturale". Nell'ambito del lavoro tecnico gli oggetti vengono insieme esaminati e modificati *by mechanical way*: questo tipo di procedimento "meccanico", che è considerato irrilevante dal *bookman* o uomo libresco, può invece rivelarsi "vero" e risultare utile al progresso del sapere.

Per evitare che questo sapere tecnico resti confinato ai margini della cultura e della scienza, per consentire un fecondo scambio fra i procedimenti impiegati nei vari settori della tecnica, Boyle ritiene necessario che un gruppo di studiosi si dedichi a raccogliere il materiale indispensabile alla compilazione di una vasta storia delle arti. Il quarto dei saggi che compongono le *Considerations* ha un titolo significativo: "I beni dell'umanità possono essere grandemente accresciuti dall'interesse dei filosofi naturali per i mestieri" (*That the Goods of Mankind may be much increased by the Naturalist's Insight into Trades*). Qui Boyle riproponeva alla cultura del tardo Seicento il programma che, all'inizio del secolo, era stato formulato da Francesco Bacone.[55]

*

Quel *Verulamian design,* del quale aveva parlato uno dei corrispondenti di Boyle,[56] aveva preso nel frattempo – anche

[55] "Sui "virtuosi" inglesi cfr. W.E. HOUGHTON, *The English Virtuoso in the XVIIth century*, in "Journal of the History of Ideas", 1942, pp. 51-73, 190-219, e cfr. P. ALLEN, *Scientific Studies in the English Universities of the XVIIth Century*, in "Journal of the History of Ideas", 1949. Sull'opera di Boyle come diffusore del sapere scientifico: J.F. FULTON, *R. Boyle and His Influence in the XVIIth Century*, in "Isis", 1932, pp. 77-102; su Boyle scienziato: L.T. MORE, *R. Boyle as Alchemist*, in "Journal of the History of Ideas", 1941, pp. 61-67; *The Life and Works of Robert Boyle*, London 1944; M. BOAS, *R. Boyle and Seventeenth Century Chemistry*, Cambridge 1958.

[56] Lettera di John Beale del 13 luglio 1666, in R. BOYLE, *Works*, ed. 1774, p. 478.

sul piano delle istituzioni – una consistenza sempre maggiore. Nel 1664 una risoluzione della Royal Society pregava il re affinché "desse disposizione ai due Segretari di stato che tutte le proposte concernenti le invenzioni meccaniche venissero sottoposte al Consiglio della Società e da esso esaminate per vedere se erano nuove, vere, utili". La preghiera non fu accolta, ma otto giorni dopo la Società si organizzava in otto commissioni: fra queste quella "georgica" o dell'agricoltura comprendeva trentadue membri; quella meccanica sessantanove; quella relativa alla storia e descrizione dei mestieri trentacinque. Due anni più tardi, in Francia, l'Académie des sciences (fondata da Luigi XIV pochi anni dopo la costituzione della Royal Society) dava vita a una commissione cui era affidato il compito di esaminare i metodi di lavoro degli artigiani e dei tecnici e di studiare i difetti dei loro strumenti. Uno dei membri dell'Accademia, Perrault, pubblicava in quegli anni una celebre raccolta di illustrazioni e di descrizioni di tutte le macchine sottoposte al giudizio dell'Accademia e da essa approvate.[57] Nel 1675 Colbert chiedeva ai membri dell'Accademia di preparare una *summa* del sapere tecnico del tempo. La sua richiesta nasceva dai problemi della sua grandiosa politica di mercantilismo industriale. Ma il primo volume, dedicato all'arte della stampa, vide la luce solo nel 1704. Forse a causa dell'uscita dell'Enciclopedia di Diderot fu poi sospesa la pubblicazione dei volumi delle illustrazioni.[58]

7. *Alsted e Leibniz*

Se ci volgiamo ora a considerare una delle opere più largamente diffuse nella cultura europea del Seicento, la *Enciclopedia* di Enrico Alsted (pubblicata a Herborn nel 1630 e poi numerose volte ristampata), possiamo renderci conto di quanto profondamente avesse inciso – anche sul piano della cultura ufficiale e universitaria – la valutazione delle arti meccaniche presente in non pochi grandi esponenti della cultura europea.

[57] Cfr. G.N. CLARK, *Science and Social Welfare in the Age of Newton*, Oxford 1949, p. 18; P. GAUJA, *L'Académie des sciences*, Paris 1934.

[58] B. GILLE, *L'Encyclopédie, dictionnaire technique*, nel vol. *L'Encyclopédie et le progrès des sciences et des techniques*, Paris 1952, p. 188.

Nell'opera di Alsted il tipo di "difesa" delle arti meccaniche che abbiamo trovato presente in Vives, in Palissy, in Biringuccio, in Agricola ha subìto un caratteristico rovesciamento che è indicativo di una radicale diversità di situazioni. Per difendere l'arte dei metalli dall'accusa di "indegnità", Agricola si era appellato all'architettura e alla medicina: alcuni servi hanno praticato l'architettura e si son dedicati alla medicina; non per questo architettura e medicina vengono considerate indegne di un uomo libero. Alsted può far appello a una situazione molto differente. Le arti meccaniche non sono da considerarsi indegne perché, in quest'età, uomini di grande cultura hanno operato nelle arti meccaniche e hanno lavorato alla loro conoscenza e al loro progresso.

Ancora più significativo è il tentativo, presente nella trattazione di Alsted, di far risalire la stessa distinzione fra arti meccaniche e liberali a una determinata situazione storica, mostrando l'origine economico-sociale della tradizionale condanna delle arti meccaniche: "esse infatti non vengono dette *illiberali* perché siano tali per loro natura e indole, ma perché i Greci, che coniarono questo termine, consentivano solo agli uomini liberi di dedicarsi alle arti liberali e da queste essi escludevano gli schiavi che venivano relegati alle arti meccaniche".[59]

*

Leibniz ricorderà più volte con ammirazione l'opera di Alsted. Al miglioramento e al perfezionamento della sua enciclopedia sarà dedicato un breve scritto del 1671.[60] Ma

[59] JOANN. HENRICI ALSTEDII, *Scientiarum omnium Enciclopædiæ*, Lugduni 1649, p. 119. Su Alsted cfr. CARRERAS Y ARTAU, *La filosofia cristiana*, Madrid 1939-43, II, pp. 239-249; P. ROSSI, *Clavis universalis. Arti mnemoniche e logica combinatoria da Lullo a Leibniz*, Milano 1960, pp. 74-75, 179-184, 247; L.E. LOEMKER, *Leibniz and the Herborn Encyclopedists*, in "Journal of History of Ideas", 1961, pp. 323-338.

[60] *Cogitata quædam de ratione perficiendi et emendandi Encyclopædiam Alstedii*, in L. DUTENS, *G.W. Leibnitii Opera Omnia*, 6 voll., Genevae 1768, V, p. 183. Cfr. L. COUTURAT, *Opuscules et fragments inédits de Leibniz*, Paris 1903, pp. 354-355. Per i rapporti con Alsted: L.E. LOEMKER, *Leibniz and the Herborn Encyclopedists*, cit.; D. MAHNKE, *Leibnizens Synthese von Universalmathematik und Individualmetaphysik*, in "Jahrb. für Philos. und phänomenologische Forschung", 1925, pp. 305-612; P. ROSSI, *Clavis universalis*, cit., pp. 237 sgg.

l'ideale leibniziano di una pacifica convivenza tra le chiese e gli stati, di una comune partecipazione di tutti gli uomini al progresso del sapere derivava non tanto dall'opera di Alsted e degli altri enciclopedisti di Herborn, quanto dalla piena ed entusiastica adesione di Leibniz ai progetti di rinnovamento di Bacone e all'universalismo pansofico di Comenio.[61]

L'idea, già presente in Bacone, di una *luce* portata alle teorie dal lavoro dei tecnici e dei meccanici è espressa da Leibniz con molta chiarezza in riferimento all'opera di Galileo e di Harvey: "Se Galileo non avesse parlato con i costruttori di condotti d'acqua e non avesse appreso da altri

[61] Per la valutazione leibniziana della filosofia di Bacone si vedano i seguenti passi: *Dissertatio de Arte Combinatoria* (in *Die Philosophischen Schriften von G.W. Leibniz*, ed. C.I. Gerhardt, 7 voll., Berlin 1875-90, IV, p. 64); *Confessio Naturæ* (ivi, IV, p. 105); gli *Initia et Specimina*, cit. (ivi, VII, p. 67) contengono un giudizio che merita di essere riletto "At cogitationum novitate ac splendore facile priores omnes [Vives, Ramo ecc.] vicit Franciscus Baconus Cancellarius Angliæ edito pulcherrimo opere De Augumentis Scientiarum. Sed viro summo defuisse otium et interiores literas, et denique mathematici rigoris amussim iudicatu facile est; quæ tamen omnia ingenii magnitudine compensabantur. Itaque dicere potuit quæ facienda essent, ignoravit tamen sæpe quæ jam facta essent, deinde nimium tribuit philosophiæ empiricæ". Nella autobiografia (*In Specimen Placidii Introductio Historica*) Leibniz scrive: "Interea felici re accidit ut consilia magni viri Francisci Baconi, Angliæ Cancellarii, de augmentis scientiarum et cogitata excitatissima Cardani et Campanellæ, et specimina melioris philosophiæ Kepleri et Galilei et Cartesii ad manus pervenirent. Tum ille, ut postea amicis sæpe prædicavit, velut in alium orbem delatus". Nella *Dissertatio Præliminaris* al *De Veris Principiis et Vera Ratione Philosophandi* del Nizolio (in *Schriften*, cit., vol. IV, p. 143): "antequam incomparabilis Verulamius aliique præclari viri philosophiam ex aëris divagationibus aut etiam spatio imaginario ad terram hanc nostram et usum vitæ revocarunt". Ancora più interessante il paragone fra le coppie Bacone-Campanella e Cartesio-Hobbes svolto da Leibniz nelle sue *Riflessioni*: "Quid Cartesio in physicis, Hobbio in moralibus acutius? At si ille Bacono, hic Campanellæ comparetur, apparet illos humi rapere" (*Leibnitiana*, LIII, *Œuvres*, ed. Dutens, IV, p. 303).

Per i rapporti con Comenio: cfr. CARRERAS Y ARTAU, *La filosofia cristiana*, cit., II, p. 320; L. COUTURAT, *La logique de Leibniz d'après des documents inédits*, Paris 1901, pp. 571-573; *Iudicium de scriptis comenianis*, in L. DUTENS, *Leibnitii Opera*, cit., V, pp. 181-182. Sui rapporti con Bisterfield e con gli ambienti di Herborn e sulla presenza di motivi attinti alle correnti mistico-pitagoriche è da vedere: W. KABITZ, *Die Philosophie des jungen Leibniz. Untersuchungen zur Entwicklungsgeschichte seines Systems*, Heidelberg 1909.

artigiani che in una pompa aspirante l'acqua non può esser sollevata al di sopra di trenta piedi, non conosceremmo ancora il segreto del peso dell'aria, la macchina per il vuoto e il barometro. Considerando le legature dei chirurghi che recidevano le vene Harvey, dal canto suo, ebbe il sospetto del moto circolatorio del sangue".[62]

Questo passo appartiene a uno scritto che tradisce fin dal titolo una precisa ispirazione baconiana: gli *Initia et Specimina Scientiæ Novæ Generalis pro Instauratione et Augmentis Scientiarum ad publicam felicitatem*. Nel sapere tecnico, a differenza di quanto avviene nella filosofia "non ci si misura con le parole, ma con le cose stesse", ma i progressi realizzati nelle arti meccaniche sono ancora in gran parte ignorati dagli uomini colti. Da un lato i tecnici sono all'oscuro dell'uso che può essere fatto dei risultati delle loro osservazioni e dei loro esperimenti, dall'altro gli scienziati e i teorici "ignorano che i loro desiderata possono essere soddisfatti dal lavoro dei meccanici". Se gli esperimenti e le osservazioni dei tecnici potessero esser raccolti in un corpus organico di conoscenze, il genere umano, che è ancora ignaro delle sue possibilità, giungerebbe a stupirsi della sua potenza ("forse ci meraviglieremmo noi stessi della nostra potenza, mentre ora alziamo lamenti sulla nostra miseria, ignari come siamo delle nostre facoltà").[63] Il programma di una *storia delle arti* veniva più energicamente ripreso nel *Discours touchant la méthode de la certitude et l'art d'inventer*. Le "conoscenze non scritte" e disperse fra gli uomini che svolgono attività tecniche di varia natura superano di gran lunga tutto ciò che si trova scritto nei libri sia per la quantità sia per l'importanza ("tant à l'égard de la multitude que de l'importance"). La parte migliore del tesoro di cui può disporre il genere umano non è stata ancora registrata. Non esiste d'altra parte arte meccanica tanto piccola e *méprisable* che non possa offrire osservazioni e considerazioni di primaria importanza per la scienza. Di fronte a un sapere di tipo retorico, preoccupato solo di discorsi vaghi e di sermoni, la storia delle attività pratiche dell'uomo appare a Leibniz una ricerca volta a cose solide e vantaggiose per la collettività: "Molti dotti si dilettano di discorsi vaghi e triti, mentre esiste un vasto terreno sul quale potrebbero esercita-

[62] *Die Philosophischen Schriften*, cit., VII, p. 69.
[63] Ivi, VII, pp. 69-70.

re il loro spirito fra cose solide e reali a vantaggio della collettività. Ci occorre un vero e proprio *Teatro della vita umana*, ricavato dalla pratica degli uomini, assai differente da quello che ci hanno trasmesso alcuni dotti nel quale, grande com'è, c'è solo ciò che riesce utile alla composizione delle arringhe e dei sermoni". Se una sola delle arti andasse smarrita, a ciò non potrebbero rimediare – prosegue Leibniz – tutte le nostre biblioteche. Il compito di *mettere per iscritto* i procedimenti dei quali fanno uso i tecnici e gli artigiani gli appare in tal modo uno dei compiti più urgenti della nuova cultura. Tali procedimenti sono del resto perfettamente descrivibili, quella *pratica* non essendo in realtà che una *teoria* "plus composée et particulière que la commune".[64]

Il progetto leibniziano di un grande inventario enciclopedico delle arti nasce sul terreno di una considerazione della *scienza* e della *storia* che si richiama alle affermazioni di Bacone e si contrappone invece decisamente all'atteggiamento cartesiano. Alla solitudine di Cartesio, alla sua "vanité de vouloir être solipse", Leibniz oppone una universale "repubblica degli spiriti".[65] Il racconto del *Discorso sul metodo* tende "a farci credere che Descartes avesse letto assai poco e avesse piuttosto impiegato il suo tempo nei viaggi e nella guerra".[66] Ma il progresso reale del genere umano nasce dal passato stesso della scienza e bisogna riprovare l'ambizione di coloro che disprezzano gli altri "come se, da soli, potessero compiere grandi cose".[67] È da rifiutare quello spirito di setta – dice ancora Leibniz riferendosi al cartesianesimo – che si limita alla venerazione del maestro mentre, nella realtà, "un uomo è ben poca cosa al confronto dell'unione di molti uomini". Il fine della filosofia non è quello di coltivare il proprio intelletto, ma quello di migliorare l'intelletto di tutti gli uomini[68]: il metodo dev'essere inte-

[64] *Discours touchant la méthode de la certitude et l'art d'inventer pour finir les disputes et pour faire en peu de temps de grands progrès*, in *Die Philosophischen Schriften*, cit., VII, pp. 181-182.

[65] A. FOUCHER DE CAREIL, *Nouvelles lettres et opuscules inédits de Leibniz*, Paris 1857, p. 13.

[66] Ivi, p. 18.

[67] *Die Philosophischen Schriften*, cit., VII, p. 128.

[68] Cfr. O. KLOPP, *Die Werke von Leibniz*, voll. II, Hannover 1864-84, X, p. 19; *Textes inédits de Leibniz publiés et annotés par G. Grua*, Paris 1948, p. 578.

gralmente trasmissibile e comunicabile. I risultati ai quali Cartesio è pervenuto dipendono invece "più dal suo genio che dal suo metodo" e l'insufficienza del metodo si riflette con particolare evidenza nel comportamento dei cartesiani che non solo "studiano gli scritti del maestro anziché il libro della natura", ma sono incapaci di qualunque invenzione o progresso proprio perché ignorano gli altri e si privano dei vantaggi che derivano dalla collaborazione.[69]

In un passo che fa evidente riferimento al *Discorso sul metodo,* Leibniz insisteva sulla validità e sul significato di una non fittizia collaborazione. Su questo terreno egli era violentemente "anticartesiano" e davvero e profondamente "baconiano": "Invece di tenerci per mano per guidarci a vicenda e per render più sicuro il nostro cammino, noi corriamo a caso. Andiamo anche a sprofondarci nelle paludi e nelle sabbie mobili dei dubbi senza fine... Ma in queste tenebre della vita e in mezzo a così grandi pericoli, non spetta ad alcun mortale di accendere una fiaccola capace di illuminare quest'oscurità... dobbiamo camminare insieme di concerto, congiungere le nostre fatiche, abbandonare lo spirito delle sètte e l'affettazione della novità".[70]

Anche per Leibniz, come per Pascal, la storia del mondo è paragonabile alla storia di un individuo e il soggetto conoscente è l'intera umanità che opera nella storia.[71] La successione degli individui nel tempo non è una incoerente giustapposizione di entità indipendenti l'una dall'altra. Il sapere del genere umano nasce dalla collaborazione fra i vivi e i morti e dal lavoro comune. Esso non è racchiuso solo negli archivi e nelle biblioteche, ma si attua e prende corpo in tutte le attività alle quali si dedicano gli uomini. E a tutte, per Leibniz, bisogna fare appello: all'opera degli scienziati e dei dotti, alle sparse osservazioni degli artigiani e dei contadini, ai musicisti, agli uomini di teatro, ai marinai, ai mercanti, fino ai cavalieri, ai danzatori, ai ciarlatani.[72]

La discussione sulle arti meccaniche dava luogo, nelle

[69] *Die Philosophischen Schriften*, cit., II, p. 535; A. FOUCHER DE CAREIL, *Nouvelles lettres*, cit., p. 13.

[70] *Die Philosophischen Schriften*, cit., VII, pp. 157-159. Il più ampio esame dei rapporti Cartesio-Leibniz è quello presente nel bel libro di Y. BELAVAL, *Leibniz critique de Descartes*, Paris 1960.

[71] *Nova Methodus*, pars I, 38.

[72] O. KLOPP, *Die Werke von Leibniz*, cit., III, p. 323.

pagine di Leibniz, a una nuova valutazione del lavoro umano. L'affermazione della rilevanza del lavoro dei tecnici per il progresso della scienza e della cultura appariva strettamente connessa all'ideale, universalistico e storicistico, di un sapere che nasce dallo sforzo congiunto delle generazioni e dall'opera di tutte le genti: *coniunctis in unam omnium temporum et gentium studiis.*[73]

8. *L'eredità illuministica: d'Alembert e Diderot*

Nelle pagine premesse da d'Alembert alla *Encyclopédie ou dictionnaire raisonné des sciences, des arts et des métiers* è presente la consapevolezza che quella grande impresa portava a maturazione e realizzava compiutamente un programma di ricerche che aveva precise origini storiche. Quando gli enciclopedisti "si rivolgevano agli artigiani di Francia", interrogavano tecnici e operai e cercavano poi di definire con esattezza i termini, i metodi, i procedimenti propri delle varie arti per inserirli in un corpus organico e sistematico di conoscenze, o progettavano una storia delle arti, o polemizzavano infine in favore di un lavoro continuamente illuminato dalla conoscenza dei principi teorici che ne sono alla base e in favore di una ricerca teorica capace di dar luogo ad applicazioni pratiche e di riconvertirsi in opere, essi si ponevano, consapevolmente, come gli eredi e i continuatori del programma tracciato da Bacone.

Nell'Enciclopedia di Chambers – scriveva d'Alembert nel *Discours préliminaire* – "abbiamo trovato una prodigiosa moltitudine di cose manchevoli nelle scienze; nelle arti liberali, una parola dove occorrevano pagine; e tutto da fare di nuovo nelle arti meccaniche. Chambers ha letto dei libri, ma non ha mai visto degli artigiani e vi son cose che si imparano solo nelle officine".[74] Nel *Prospectus* del 1750, Diderot aveva espresso la stessa insoddisfazione per i libri fin allora in uso e la stessa esigenza di cogliere dal vivo, mediante osservazioni dirette, quei metodi di lavoro che una

[73] *Die Philosophischen Schriften*, cit., VII, p. 130.

[74] D'ALEMBERT, *Discorso preliminare all'Enciclopedia*, tr. di A. Devizzi, Milano 1954, p. 97 (ora in *Enciclopedia o dizionario ragionato delle scienze, delle arti e dei mestieri*, Milano 1966, vol. I).

lunga tradizione aveva considerato indegni di attenzione: "Ci si è rivolti ai più abili operai di Parigi e dell'intera Francia, ci si è presi la briga di andare nelle loro officine, di interrogarli, di scrivere sotto la loro dettatura, di sviluppare i loro pensieri, di trarne i termini propri alla loro professione, di stenderne delle tavole, di definirli, di conversare con coloro dai quali avevamo ottenuto delle memorie, e (precauzione quasi indispensabile) di rettificare nelle lunghe e frequenti conversazioni con gli uni quello che gli altri avevano oscuramente e talvolta imperfettamente spiegato... Si è dovuto esercitare nei loro riguardi la funzione di cui si gloriava Socrate, la funzione penosa e delicata di far partorire le anime: *obstetrix animorum*".[75]

Nella voce *Art* dell'Enciclopedia – che è quasi il programma di quel grandioso lavoro sulle arti meccaniche che doveva impegnarlo per lunghi anni – Diderot rilevava i cattivi effetti conseguenti alla tradizionale distinzione delle arti in liberali e meccaniche: questa distinzione ha rafforzato il pregiudizio che "il volgersi agli oggetti sensibili e materiali" costituisca "una deroga alla dignità dello spirito umano". Questo pregiudizio "ha riempito le città di orgogliosi ragionatori e di contemplatori inutili e le campagne di piccoli tiranni ignoranti, oziosi e disdegnosi". Ma non così – proseguiva – "ha pensato Bacone, uno dei primi geni d'Inghilterra, o Colbert, uno dei più grandi ministri di Francia". In questo modo, però, pensavano ancora i gesuiti francesi che, nell'*Avis au public sur le troisième volume de l'Encyclopédie* del 1754, si scandalizzavano proprio di questa eccessiva importanza attribuita alle tecniche e ai mestieri dai seguaci dell'Illuminismo.[76]

[75] D. DIDEROT, *Prospectus* in *Œuvres complètes*, ed. J. Assézat et M. Tourneux, Paris 1875-77, XIII, p. 140. Cfr. A.M. WILSON, *Diderot: gli anni decisivi*, Milano 1971, pp. 137 sgg., in particolare alle pp. 130 sgg. Il volume di Wilson è corredato da un'ampia bibliografia. Per un'ampia e ragionata discussione sulla letteratura critica cfr. P. CASINI, *Studi su Diderot*, in "Rassegna di filosofia", 1958, 5, pp. 5-26; 1958, 2, pp. 550-573; 1958, 3, pp. 234-254. Una valutazione del significato dell'interesse di Diderot per la tecnica e le arti meccaniche è del tutto assente nel volume di A. VARTANIAN, *Diderot and Descartes: A Study of Scientific Naturalism in the Enlightenment*, Princeton 1953 (tr. it. Milano 1956). Assai più utili da questo punto di vista, i saggi di diversi autori contenuti nel volume *L'Encyclopédie et le progrès des sciences et des techniques*, Paris 1952.

[76] Cfr. F. VENTURI, *Le origini dell'Enciclopedia*, Roma 1946, p. 95.

Portare alla luce quello che per secoli era rimasto un "fatto di pratica", ciò che Leibniz aveva chiamato "l'esperienza non registrata del genere umano": in questo Diderot si sentiva davvero un nuovo Socrate,[77] ed egli, figlio di un coltellinaio, era veramente l'erede non solo di Bacone, di Galileo e di Cartesio, ma anche di quei "meccanici" come Biringuccio, Agricola, Norman e Palissy che avevano grandemente contribuito, due secoli prima, a mettere in crisi una veneranda concezione della scienza che risaliva alla Grecia.

[77] D. DIDEROT, *Œuvres complètes*, cit., XIII, p. 140, e cfr. F. VENTURI, *Le origini*, cit., p. 94. Per una prospettiva d'insieme è ora da vedere: P. CASINI, *Diderot "philosophe"*, Bari 1962.

Appendice prima

Il rapporto natura-arte e la macchina del mondo

L'affermazione di una sostanziale non diversità fra i prodotti dell'arte e quelli della natura – che è presente in alcuni fra i maggiori esponenti della nuova scienza – si contrappone radicalmente, com'è noto, alla definizione aristotelica dell'arte che porta a compimento l'opera della natura o la imita nelle sue produzioni. Nell'aristotelismo e nella medicina ippocratica (dalla quale deriva con molta probabilità la definizione di Aristotele) la natura si presenta come un *ideale* che è compito dell'arte realizzare o ristabilire, come una *norma* della quale l'arte, per raggiungere i suoi scopi, deve seguire i precetti e le indicazioni.[1] I frequenti paralleli fra l'arte e la natura, presenti nei testi aristotelici, hanno un significato preciso. Come ha rilevato fra gli altri Augustin Mansion, essi svolgono il ruolo di un "procedimento pedagogico" destinato a facilitare la comprensione di ciò che ci è meno familiare (la natura) con l'analisi, per noi più facile, dei procedimenti più familiari delle varie arti.[2]

Non è certo il caso di accennare qui alla straordinaria fortuna, nel pensiero antico e medievale, della dottrina dell'arte come *imitatio naturæ*, né di ricordare gli innumerevoli testi nei quali la pretesa, da parte dell'arte, di raggiungere la perfezione della natura appare frutto di un at-

[1] Sui rapporti arte-natura in Aristotele cfr. A. Mansion, *Introduction à la physique aristotélicienne*, Louvain-Paris 1945, pp. 94-95, 197, 198-201, 228-234, 256-257. Per la definizione aristotelica dell'arte come imitazione della natura cfr. *Fisica*, II, 8, 199a, 15-20; 194a, 21-22; *Meteor.*, IV, 3, 381b6.

[2] A. Mansion, *Introduction à la physique*, cit., p. 229. Il repertorio di tutti i paralleli aristotelici si trova in H. Meyer, *Natur und Kunst bei Aristoteles, Ableitung und Bestimmung der Ursachlichkeitsfaktoren*, Paderborn 1919.

teggiamento "prometeico", segno di empietà e di temerarietà.[3] Certo è che, nell'ambito di questa secolare tradizione, l'arte si configura solo come un tentativo di imitare la natura e di contraffarla nei suoi movimenti: le arti meccaniche appaiono *adulterinæ* proprio perché, come afferma Ugo di San Vittore, "prendono a prestito i loro modi dalla natura". La natura ha al suo interno il principio di un movimento indefinito, mentre i prodotti dell'arte, mossi da un principio esteriore, sono solo dei tentativi, condannati al fallimento, di imitare la spontaneità del moto naturale. Questa dottrina, chiarisce Bacone, è legata alla teoria aristotelica della specie, in base alla quale un prodotto della natura (albero) è qualificato come avente una *forma primaria*, mentre al prodotto dell'arte (tavolo) compete solo una *forma secondaria*. "Volentieri", egli scrive nel *De Augmentis*,[4] "classifichiamo la *storia delle arti* come un settore della *storia naturale*. Si è infatti affermata l'inveterata opinione che l'arte sia cosa diversa dalla natura e le cose artificiali dalle naturali. Di qui è derivato l'inconveniente che molti scrittori di cose naturali credono di aver raggiunto il loro scopo componendo una storia degli animali, dei vegetali, dei minerali e omettendo gli esperimenti delle arti meccaniche. Ma un pregiudizio ancora più sottile si è insinuato nella mente degli uomini: l'arte è considerata solo come una specie di appendice (*additamentum*) della natura che avrebbe solo il compito di portare a compimento ciò che la natura ha soltanto iniziato o di assecondarla quando essa volge al peggio o di liberarla quando è impedita, ma non avrebbe mai il compito di rivolgerla profondamente, di tramutarla, di scuoterla fin nel profondo. Ciò ha provocato una precipitosa disperazione nelle cose umane. Al contrario, quest'altro principio avrebbe dovuto penetrare in profondità nelle menti: le cose artificiali non differiscono dalle naturali per la forma o per l'essenza, ma solo per la causa efficiente... quando le cose sono disposte al conseguimento di un determinato effetto, poco importa che questo venga raggiunto dall'uomo o sen-

[3] Su questo argomento ha scritto pagine assai felici P.M. SCHUHL, *Machinisme et philosophie*, Paris 1947, pp. 32-42.

[4] *The Works of Francis Bacon*, ed. by R.L. Ellis, J. Spedding, D.D. Heath, London 1857-74, I, pp. 496-497.

za l'uomo." L'arte è quindi l'uomo aggiunto alla natura (*ars est homo additus naturæ*) e il fatto che le condizioni necessarie all'esistenza di un fenomeno si trovino connesse naturalmente o vengano invece poste in relazione dalla mano dell'uomo non crea una eterogeneità fra i fenomeni naturali e quelli artificiali. I moti naturali non sono quindi da contrapporre ai moti artificiali: il calore solare può essere avvicinato a quello del fuoco, l'oro naturalmente presente nella sabbia è identico a quello artificialmente prodotto nelle fornaci.[5] La fisica terrestre è identica a quella celeste. La separazione tradizionale ha provocato conseguenze deleterie allo sviluppo del sapere e della civiltà: "facendo ostentazione delle proprietà meravigliose delle commistioni naturali e accogliendo avidamente il concetto di una separazione fra il calore celeste e quello naturale, Galeno ha tentato fraudolentemente di limitare il potere degli uomini e ha cercato di rafforzare per sempre l'ignoranza servendosi della disperazione".[6]

Alcune delle impostazioni aristoteliche relative al rapporto arte-natura venivano qui consapevolmente rovesciate. Fra gli oggetti naturali e quelli artificiali non si dà alcuna distinzione di essenza. Il fulmine, che gli antichi negavano potesse essere imitato, è stato di fatto imitato nell'epoca moderna. L'arte non è la "scimmia" della natura e i prodotti dell'arte non sono qualcosa di inferiore a quelli naturali. Su questo punto Cartesio insiste con altrettanta energia: "non si dà alcuna differenza fra le macchine che costruiscono gli artigiani e i diversi corpi che compone la sola natura se non questa: che gli effetti delle macchine dipendono solo dall'azione di tubi o molle e altri strumenti che, dovendo avere qualche proporzione con le mani di coloro che li costruiscono, sono sempre così grandi da far apparire visibili le loro figure e i loro movimenti, mentre invece i tubi o le molle che producono gli effetti naturali sono generalmente troppo piccoli per poter essere percepiti dai nostri sensi...".[7] Il prodotto dell'arte, la macchina, serve da modello per concepire e comprendere la natura. Non

[5] *Works*, III, p. 531 (*Temporis Partus Masculus*); III, p. 592 (*Cogitata et Visa*); I, p. 497, 624 (*De Augmentis*).
[6] *Works*, III, p. 531 (*Temporis Partus Masculus*).
[7] R. DESCARTES, *Œuvres*, ed. Adam et Tannery, IX, p. 321 (*Principia*).

l'arte è essa stessa natura,[8] ma la natura è qualcosa di simile a un prodotto dell'arte. Per comprendere il funzionamento del corpo umano si fa ricorso, ancora, alla macchina: "Vediamo che orologi, fontane artificiali, mulini, e altre macchine di questo genere, pur essendo costruite da uomini, non per questo mancano della forza di muoversi da sole in vari modi diversi: e anche per quella macchina, che suppongo esser fatta dalle mani di Dio, non mi sembra di poter immaginare tanti tipi di movimento, né attribuire ad essa tanto artifizio, in modo da impedirvi di pensare che non ve ne possano essere ancora di più... E invero si possono benissimo paragonare i nervi ai tubi delle macchine di quelle fontane, i suoi muscoli e i suoi tendini agli altri vari congegni e molle che servono a muoverle; e i suoi spiriti animali all'acqua che li muove e di cui il cuore è la fonte e le concavità del cervello i serbatoi. Inoltre la respirazione e altre simili azioni naturali e ordinarie di questa macchina, che dipendono dal corso degli spiriti, possono essere paragonate ai movimenti di un orologio o di un mulino che lo scorrere dell'acqua può rendere continui".[9]

L'immagine della macchina, dell'orologio, avrà grande fortuna. La troviamo presente anche in un uomo come Keplero pur tanto profondamente imbevuto dei temi del pitagorismo matematico: "Un tempo, imbevuto delle dottrine di Giulio Cesare Scaligero sulle intelligenze motrici, credevo che la causa motrice dei pianeti fosse un'anima... Lo scopo che qui mi propongo è di affermare che la macchina dell'universo non è simile a un divino essere animato, ma è simile a un orologio (colui che ritiene animato l'orologio attribuisce all'opera l'onore che spetta all'artefice) e in essa tutti i vari movimenti dipendono da una semplice forza attiva materiale, così come tutti i moti dell'orologio sono do-

[8] Sull'arte come natura è da vedere la posizione di Shakespeare in *A Winter's Tale* (IV, 4, vv. 90-92):

So, over that art
Which you say adds to nature, is an art
That nature makes.

Sull'argomento cfr. P.M. SCHUHL, *Perdita, la nature et l'art,* in "Revue de Métaphysique", 1947, e H. HAYDN, *The Counter-Renaissance*, New York 1950, pp. 510 sgg.

[9] R. DESCARTES, *L'uomo*, tr. di G. Cantelli, Torino 1960, pp. 37-38, 51-52. Cfr. *Œuvres*, IX, pp. 120, 130-131.

vuti al semplice pendolo".[10] Per Robert Boyle l'universo è una grande macchina semovente "a great piece of clockwork" e tutti i fenomeni vanno considerati nei termini "dei due grandi e universali principi dei corpi: la materia e il movimento".[11]

La discussione, amplissima, sugli animali-macchine conduceva alla progressiva estensione del modello meccanico all'intero comportamento umano: "Ogni cartesiano," scriveva il gesuita Gabriel Daniel, "per essere coerente dovrebbe dunque dire, con la stessa serietà con cui lo dice per le bestie, che gli altri esseri umani, che sono con lui nel mondo, sono delle macchine".[12] La linea di sviluppo che conduce dalla tesi cartesiana dell'animale-macchina all'*Homme-machine* di Lamettrie è stata studiata, anche se con insufficiente ampiezza, dal Busson e dal Vartanian.[13] Ma val la pena di ricordare il testo della voce *méchanicien* della grande Enciclopedia nella quale vengono esposte le dottrine di quei "medici moderni che, dopo la scoperta della circolazione del sangue e lo stabilirsi della filosofia di Descartes, hanno scosso il giogo dell'autorità e hanno adottato il metodo dei geometri nelle ricerche che hanno fatto su ciò che concerne l'economia animale considerando questa ultima come una produzione di movimenti di specie differenti, tutti sottomessi alle leggi della meccanica... il corpo animale, e di conseguenza il corpo umano è qui considerato come una vera e propria macchina... la medicina prese un aspetto intieramente nuovo, un linguaggio completamente diverso da quello che fino allora era stato impiegato".

L'assunzione del modello *macchina*, la integrale spiegazione della realtà fisica e biologica in termini di materia e di movimento comportavano una modificazione profondissima

[10] J. KEPLER, *Opera*, 1857, I, p. 176; II, p. 84.

[11] R. BOYLE, *Origins of Forms*, in *Works*, ed. Birch, III, p. 14. Cfr. M. BOAS, *The Establishment of the Mechanical Philosophy*, in "Osiris", X, p. 486; I.B. COHEN, *Franklin and Newton*, Philadelphia 1956, p. 99.

[12] G. DANIEL, *Voyage du Monde de Descartes*, Paris 1703, p. 474. L'opera del Daniel, pubblicata a Parigi nel 1690, fu tradotta in inglese (London 1692) e in italiano (Venezia 1739).

[13] H. BUSSON, *La religion des classiques, 1660-1685*, Paris 1948, pp. 121-190; A. VARTANIAN, *Diderot and Descartes. A Study of Scientific Naturalism in the Enlightenment*, Princeton 1953 (tr. it. Milano 1956 pp. 185-258).

del concetto di *natura*. Essa non appare più contesta di forme e di essenze cui ineriscono le "qualità", ma di fenomeni quantitativamente misurabili. Tutte le qualità non traducibili in termini matematici e quantitativi vengono escluse dal mondo della fisica. Nella natura non si danno "gerarchie" e il mondo non appare più costruito *per* l'uomo o *a misura dell'uomo*: tutti i fenomeni, così come tutti i pezzi che compongono una macchina, hanno lo stesso valore. Conoscere la realtà vuol dire rendersi conto del modo in cui funziona la macchina del mondo, e la macchina può (almeno teoricamente) essere smontata nei suoi singoli elementi per essere poi, pezzo per pezzo ricomposta: "Sulle cose naturali", scrive Gassendi, "indaghiamo allo stesso modo in cui indaghiamo sulle cose delle quali noi stessi siamo gli autori... Nelle cose della natura in cui ciò è possibile, facciamo uso dell'anatomia, della chimica e di aiuti di ogni genere, in modo da capire – risolvendo per quanto si può i corpi e come scomponendoli – di quali elementi e secondo quali criteri essi sono composti".[14]

Il mondo dei fenomeni "ricostruibili" mediante l'indagine, e di quei prodotti artificiali che sono stati creati o costruiti dall'intelletto o dalle mani, è l'unico mondo del quale si possa avere scienza. La conoscenza delle cause e delle essenze è riservata a Dio, in quanto creatore e costruttore del mondo. All'immagine platonica del Dio geometra si sovrappone l'immagine, poi tanto largamente diffusa, del Dio "meccanico", costruttore di quel perfetto orologio che è il mondo. Dichiarando che Dio è geometra – scrive Monantheuil nel suo commento alle *Questioni meccaniche* di Aristotele[15] – Platone ha enunciato solo una parte della verità. Dio è prima di tutto un meccanico perché il mondo è una gigantesca macchina della quale Egli è il costruttore e l'artefice. All'immagine platonica del Dio geometra si manteneva invece fedele Thomas Browne, ma difendendo la posizione ciceroniana dell'assenza di dissidio fra natura e arte e la tesi aristotelica dell'arte come perfezionamento della natura, giungeva anch'egli all'immagine di un Dio ingegnere e costruttore del mondo: "Ora, la natura non è in dissidio con l'arte né l'arte con la natura, essendo entrambe al

[14] P. Gassendi, *Syntagma*, in *Opera omnia*, Lugduni 1658, I, pp. 122B-123A.

[15] Aristotele, *Mechanica*, Paris 1599, *Præfatio*.

servizio della sua provvidenza. L'arte è il perfezionamento della natura: se il mondo fosse ora come al sesto giorno, ci sarebbe ancora il caos: la natura ha fatto un mondo e l'arte ne ha fatto un altro. In breve, le cose sono tutte artificiali, poiché la natura è l'arte di Dio".[16] Per Sir Kenelm Digby il mondo è un immenso orologio, opera mirabile del Grande Architetto, composto di ruote e di molle ciascuna delle quali può essere staccata dal meccanismo e studiata e compresa.[17] L'immagine del Dio orologiaio si intrecciava in Leibniz con quella di un Dio che governa gli spiriti e il mondo "come un ingegnere maneggia le sue macchine".[18]

Il criterio del conoscere come fare o della identità fra conoscere e costruire vale, così come per Dio, anche per l'uomo. L'intelletto umano, che è finito e limitato, può accedere solo a quelle verità che son proprie di quel sapere che è stato costruito dagli uomini: le verità della fisica, della geometria, della matematica. Ciò che davvero si può conoscere è solo ciò che si fa, ciò che è *artificiale*, costruito o ricostruibile: "È difficile," afferma Mersenne, "incontrare dei principi o delle verità nella fisica. Appartenendo l'oggetto della fisica alle cose create da Dio non c'è da stupirsi se non possiamo trovare le loro vere ragioni e il modo in cui queste cose agiscono e patiscono. Conosciamo infatti le vere ragioni solo di quelle cose che possiamo costruire con le mani o con l'intelletto, mentre non possiamo costruire nessuna di quelle cose che ha fatto Dio".[19] Hobbes è certo su posizioni molto diverse da quelle di Mersenne, ma giunge anch'egli, su quest'ultimo punto, a conclu-

[16] TH. BROWNE, *Religio Medici*, a cura di V. Sanna, Cagliari 1958, p. 31. Sull'immagine di Dio "abile geometra" cfr. p. 30; sul libro della natura e il libro divino cfr. p. 29.

[17] Sir K. DIGBY, *Two Treatises, in the One of which, the Nature of Bodies; in the other, the Nature of Man's Soule, is looked into,* Paris 1644, pp. 283, 289, 389, 399-400. Cfr. R.T. PETERSSON, *Sir Kenelm Digby,* London 1959, p. 185, e nei testi inediti pubblicati da V. GABRIELI, *Sir K. Digby un inglese italianato nell'età della Controriforma,* Roma 1957, p. 280. Ma il Gabrieli, a differenza del Petersson, è scarsamente interessato alle idee filosofiche e scientifiche del Digby.

[18] *Die Philosophischen Schriften von G.W. Leibniz,* ed. G.I. Gerhardt, Berlin 1875-90, IV, pp. 479-480; VII, p. 352.

[19] M. MERSENNE, *Harmonie universelle*, Paris 1636, p. 8. Cfr. T. GREGORY, *Scetticismo ed empirismo: studio su Gassendi*, Bari 1961, p. 72. Sul sapere come "costruire", sulla importanza delle "arti pratiche" nell'affermarsi di questo concetto le conclusioni del Gregory (pp. 71-77; 160-162) sono per più aspetti illuminanti.

sioni non dissimili: "È concessa agli uomini la scienza solo di quelle cose la cui generazione dipende dal loro stesso arbitrio. Sono perciò dimostrabili i teoremi intorno alla quantità la cui scienza si chiama geometria... Proprio perché siamo noi stessi a creare le figure c'è una geometria ed è dimostrabile. Inoltre la politica e l'etica, cioè la scienza del giusto e dell'ingiusto, dell'equo e dell'iniquo può essere dimostrata a priori: difatti i suoi principi, i concetti del giusto e dell'equo e i loro contrari, ci sono conosciuti perché noi stessi creiamo le cause della giustizia, cioè le leggi e le convenzioni".[20] Questo passo di Hobbes è stato giustamente accostato alle celebri pagine vichiane nelle quali viene enunciato il celebre principio del *verum-factum*. Per virtù della fisica sperimentale, dichiarava Vico nella conclusione del *De Antiquissima*, "noi non riteniamo vero in natura se non quello di cui, per mezzo di esperimenti, riusciamo a fare un quissimile" e, poche pagine prima, aveva affermato: "pertanto l'aritmetica e la geometria nonché quella loro filiazione ch'è la meccanica, sono nella facoltà dell'uomo, giacché in questi tre campi noi in tanto dimostriamo una verità in quanto la facciamo". Di qui il paragone fra il fare di Dio e il fare dell'uomo: "come la natura dà vita alle cose fisiche, così l'ingegno umano alla meccanica; come Dio è artefice della natura, così l'uomo delle cose foggiate dall'arte".[21]

La negazione della dottrina aristotelica relativa ai rapporti fra natura e arte; l'idea del sapere come costruzione; la tesi della conoscibilità, da parte dell'uomo, dei prodotti della mente e delle mani (e di quel mondo del diritto, della morale, della storia che è conoscibile in quanto *fatto* dagli uomini); l'assunzione del modello *macchina* per la spiegazione e comprensione dell'universo fisico; l'immagine di Dio come *artefice, ingegnere-orologiaio*: ciascuno di questi temi – che ebbero importanza decisiva – è senza dubbio connesso alla penetrazione, nel mondo dei filosofi e degli scienziati, di un nuovo modo di considerare quella *pratica* e quelle *operazioni* che erano state per molti secoli relegate ai margini della cultura, considerate indegne dell'attenzione degli studiosi e della considerazione degli accademici.

[20] TH. HOBBES, *De homine*, X, 5, e cfr. *De cive*, XVII, 4; *De corpore*, XXV, 1.

[21] G.B. VICO, *Opere*, a cura di F. Nicolini, Milano-Napoli 1953, pp. 293, 307.

Appendice seconda

Verità e utilità della scienza in Francesco Bacone

1

In un saggio su *Lavoro intellettuale e lavoro manuale dall'antichità al Rinascimento* Rodolfo Mondolfo ha messo in luce, con la consueta precisione e penetrazione, le ragioni storiche e culturali di quel radicale mutamento nella valutazione delle arti meccaniche e del lavoro manuale che ebbe a verificarsi in Europa fra il secolo XV e il XVI.[1] La preferenza dimostrata da Leonardo e poi da Benedetti, da Galileo e dai galileiani per la meccanica (considerata la più nobile delle scienze perché permette di raccogliere i frutti nell'operazione pratica), il cosiddetto "ritorno ad Archimede" più volte sottolineato dagli storici della scienza furono senza dubbio – come chiarisce bene il Mondolfo – fenomeni di straordinaria importanza. In quella "preferenza" e in quel "ritorno" si manifestava una vera e propria rivoluzione culturale destinata ad avere impensati riflessi e legata a profondi mutamenti nella vita economico-sociale. La cultura europea veniva così condotta a una definitiva rottura con quella tesi della inferiorità della tecnica rispetto alla scienza e del lavoro manuale rispetto a quello intellettuale che era stata ben viva nella civiltà classica e in quella medievale. Il Mondolfo insiste giustamente, in questo e in altri saggi, sulla insufficienza di quelle interpretazioni che hanno esteso a tutta l'antichità classica quel disprezzo che Platone, Aristotele e i medici post-ippocratici manifestarono per il lavoro. L'illustre studioso da un lato mostra "l'esistenza di una

[1] R. Mondolfo, *Alle origini della filosofia della cultura*, Bologna 1956, pp. 125-149.

vasta corrente spirituale nel mondo antico che onora il lavoro manuale e le arti meccaniche, riconoscendone l'importanza per la vita dell'uomo e per lo sviluppo della sua stessa civiltà e intellettualità", e dall'altro chiarisce come il disprezzo per il lavoro manuale e le arti meccaniche provenga, in Grecia, soprattutto dalle classi militari e caratterizzi precisamente "le società e gli stati militaristi nella loro opposizione alle società e agli stati industriali".

Il Mondolfo è tuttavia ben consapevole che, nella cultura del mondo antico, finì per dominare proprio quella radicale opposizione fra tecnica e scienza contro la quale avevano preso posizione i medici della scuola ippocratica e quei "filosofi del proletariato greco" che furono i Cinici. Quell'antitesi traeva infatti vita dalla stessa struttura economica di una società schiavistica nella quale l'abbondanza delle "macchine viventi" rendeva superflua la costruzione di macchine tendenti a sostituire il lavoro umano e nella quale il disprezzo che si prova per lo schiavo (o per chi esercita attività manuali) si estende a quell'attività medesima.[2] Proprio quest'antitesi era destinata a cadere nei secoli del Rinascimento caratterizzati, secondo la nota tesi del Dilthey, "dall'unione del lavoro materiale con lo spirito dell'indagine scientifica". Qui si riconosceva, afferma il Mondolfo, "l'importanza della produzione pratica e sperimentale per la stessa conoscenza teorica".

> Non si tratta – egli prosegue – solo dell'aspirazione di Francesco Bacone a conoscere la natura per dominarla e perfezionare per questa via la vita umana; né solo della convinzione da lui espressa, che le arti meccaniche abbiano dimostrato e continuino a dimostrare le loro capacità di progresso e perfezionamento continuo; e neppure solo dell'idea affermata poi dal Locke, che la meccanica tanto disprezzata ed esercitata da persone analfabete sia quella che ha prodotto tutte le arti utili per la vita... In tutte queste concezioni ed altre analoghe domina sempre l'idea di una separazione ed opposizione tra il lavoro manuale e quello intellettuale o, quanto meno, con Bacone che vuole "sapere per potere", l'idea di una relazione che è subor-

[2] P.M. SCHUHL, *Machinisme et philosophie*, Paris 1947, pp. 13 sgg.; cfr. su questo tema B. FARRINGTON, *Greek Science*, London 1953, pp. 18-32; 40-41; 104-107; 130-148. Assai più fragili le conclusioni di S. SAMBURSKY, *Il mondo fisico dei Greci*, Milano 1959, pp. 274 sgg.

dinazione del lavoro manuale a quello intellettuale, come strumento di applicazione delle conquiste teoriche. Ma nella pienezza del suo significato la visione rinascimentale include un'unione più stretta e sostanziale tra le due forme di lavoro considerando che anche il conoscere è un fare e implica il fare, mentre, dall'altra parte, il fare è per se stesso un conoscere e condiziona e genera la vera conoscenza.[3]

A conferma della tesi qui esposta il Mondolfo cita un brano, indubbiamente molto significativo, dello *Spaccio della bestia trionfante* di Giordano Bruno.[4]

Studiando la valutazione delle arti meccaniche nei secoli XVI e XVII e i riflessi che questa valutazione ebbe nel determinare i compiti e le funzioni stesse della "filosofia", ho anche cercato di mostrare lo stretto legame che sussiste fra alcune tesi centrali della filosofia di Bacone e l'atteggiamento da lui assunto verso le arti meccaniche. Le ricerche che ho condotto mi hanno fatto giungere, su questo punto particolare, a conclusioni nettamente divergenti da quelle alle quali è pervenuto il Mondolfo nel brano ora citato. Poiché quelle conclusioni sono state e sono tuttora largamente condivise da molti storici della filosofia cercherò di chiarire nelle pagine che seguono le ragioni del mio dissenso.

2

Credo che la tesi del Mondolfo vada "rovesciata": ritengo in altri termini che la filosofia di Bacone abbia un significato culturale molto notevole anche perché essa si pone consapevolmente in posizione fortemente polemica contro l'idea di una separazione e opposizione fra tecnica e scienza, lavoro manuale e lavoro intellettuale, arti meccaniche e arti liberali, e ritengo anche che la tesi di un "conoscere come un fare, che implica il fare" e del "fare che è esso stesso un conoscere", sia una tesi che derivò senza dubbio da suggestioni o da spunti presenti nei libri di filosofia e nei trattati di magia e di alchimia del Rinascimento, ma

[3] R. Mondolfo, *Alle origini della filosofia della cultura* cit., pp. 147-148.

[4] Cfr. qui sopra, alle pp. 92-94.

giunse a piena e consapevole maturazione proprio nella filosofia del Lord Cancelliere.

Nella storiografia baconiana è divenuta ormai tipica una polemica che ha diviso in due grandi schiere gli interpreti di Bacone: quelli che hanno visto in Bacone un "utilitarista volgare" e quelli che hanno creduto di doverlo difendere da quest'accusa riconoscendo in lui (nonostante certe intemperanze di linguaggio e il suo gusto per la polemica) una valutazione "disinteressata" del sapere scientifico. Questa polemica nasceva in realtà proprio dalla accettazione, da parte degli avversari, di un terreno comune. Gli studiosi che hanno criticato la filosofia di Bacone come una posizione che sostiene la superiorità della tecnica sulla scienza, delle operazioni sulla logica, delle "comodità della vita" sulla filosofia e gli studiosi che lo hanno "difeso" da queste critiche muovevano in realtà entrambi da un presupposto ben identificabile: quello di una indispensabile e necessaria opposizione fra scienza e tecnica e fra "verità" e "utilità". Forse per questo essi hanno tenuto in ben scarsa considerazione quelle argomentazioni, che Bacone si sforzò di elaborare, e che miravano a sostenere proprio la illegittimità e la inesistenza di tale contrapposizione.

Chi, come il chimico e filosofo spiritualista Liebig, concepiva la "ricerca della verità" e la "realizzazione delle opere" come campi assolutamente distinti e gerarchicamente ordinati, non poteva non interpretare il pensiero di Bacone come la tipica espressione di un "volgare utilitarismo".[5] Ma anche quegli interpreti (come Fonsegrive, Sortais, Levi, Anderson) che hanno insistito sui passi nei quali Bacone parla della verità come del "supremo bene" e hanno così modificato le polemiche conclusioni del Liebig mettendo in luce il carattere "universalistico ed umanistico"[6] del-

[5] J. von Liebig, *Über F. Bacon von Verulam und die Methode der Naturforschung*, München 1863, pp. 105, 118.

[6] Sul carattere "universalistico" dell'utilitarismo baconiano cfr. G. Fonsegrive, *Francis Bacon*, Paris 1893, pp. 20 sgg; G. Sortais, *La philosophie moderne depuis Bacon jusqu'à Leibniz*, Paris 1922, i, pp. 285 sgg.; A. Levi, *Il pensiero di F. Bacone considerato in relazione con le filosofie della natura del Rinascimento e col razionalismo cartesiano*, Torino 1925, pp. 168-169. F. Anderson, *The Philosophy of F. Bacon*, Chicago 1948, fa di Bacone un "razionalista" e rifiuta le interpretazioni tradizionali, ivi compresa quella dell'utilitarismo. Il libro di B. Farrington, *F. Bacon, Philosopher of Indu-*

l'utilitarismo di Bacone, hanno in genere concluso rilevando una "oscillazione", presente nel suo pensiero, fra ammirazione per le applicazioni pratiche della scienza da un lato e venerazione per una disinteressata verità dall'altro. Questa tesi "oscillatoria" può essere trovata limpidamente espressa nell'opera del Levi:

> La mente di Bacone, senza che ne abbia consapevolezza, oscilla fra due direzioni diverse: da una parte, volgendosi all'applicazione pratica della scienza, apprezza questa per la sua utilità umana, dall'altra tende ad affermare che la conoscenza ha valore per sé... E il contrasto non è tolto dalla convinzione che *ipsissimæ res sunt veritas et utilitas*... L'utilitarismo umanistico è il motivo prevalente, ma non si può negare che, in inconsapevole conflitto con esso, è pur presente al pensiero di Bacone una più elevata concezione della scienza e della verità.[7]

I presupposti (e i "pregiudizi") che sono alla base di un giudizio di questo tipo appaiono immediatamente evidenti: l'affermazione di un "valore per sé" della conoscenza costituisce qualcosa di più "elevato" di ogni tentativo di connettere "verità" e "utilità".

Nel corso di queste pagine mi propongo: 1) di indicare le insufficienze, a mio parere radicali, di quelle interpretazioni (assai numerose e qualificate) che hanno visto in Bacone un tipico rappresentante dell'utilitarismo; 2) di chiarire il significato da attribuire a una controversa espressione di Bacone contenuta nel paragrafo 124 del *Novum Organum* e che è stata spesso interpretata con poca esattezza: *ipsissimæ res sunt veritas et utilitas*.

strial science, New York 1949 (tr. it. Torino 1952) è il più importante tentativo di superare la tradizionale alternativa cui abbiamo fatto riferimento nel testo. A.R. HALL, *The Scientific Revolution, 1500-1800*, London 1954, pp. 164-165, pur accentuando eccessivamente l'opposizione fra le sue tesi e quelle del Farrington, nota giustamente che nel pensiero di Bacone la validità del metodo impiegato è ciò che garantisce la produzione delle opere. J.G. CROWTHER, *Francis Bacon the First Statesman of Science*, London 1960, ha visto in Bacone l'espressione di un nuovo tipo di intellettuale interessato ai problemi dell'utilizzazione e dell'organizzazione della scienza, della sua "integrazione" nella vita delle civiltà.

[7] A. LEVI, *Il pensiero di F. Bacone*, cit., p. 169.

3

Ciò che Bacone energicamente rifiuta e ciò che gli fa apparire il sapere tradizionale come uno "sterile deserto" è, sopra ogni altra cosa, il fatto che dai presocratici fino a Telesio la verità si è presentata come separata e opposta alla utilità e che fra teoria e pratica, fra sapere e operare, fra discorso logico e tecniche sperimentali è stata introdotta una frattura. Bacone sostiene invece la identità di scienza e potenza, teoria e pratica, verità e utilità, e ritiene oltremodo dannosa una contrapposizione di questi termini. Uno degli aspetti più interessanti (e se si vuole più "attuali") della filosofia di Bacone è il tentativo che egli compie di mostrare come questa contrapposizione sia venuta sorgendo e si sia andata sempre più rafforzando nella storia dell'umanità. Ciò che mette in crisi tale contrapposizione non è per Bacone la "filosofia", ma una serie di grandiosi mutamenti che si sono verificati e hanno modificato la situazione della civiltà umana. Proprio al carattere e alla situazione delle civiltà precedenti è necessario richiamarsi per intendere le origini di quella contrapposizione e le ragioni del suo rafforzarsi.

Il progetto baconiano di una *storia letteraria* (oggi la chiameremmo "storia delle idee") esposto nell'*Advancement of Learning* del 1605 è indicativo del punto di vista assunto da Bacone. Compito della storia letteraria è la descrizione dello stato e delle condizioni della cultura umana nelle varie età. Non si tratta di una storia *speciale* (della giurisprudenza, della retorica, della matematica) né di una storia cronachistica (*memorial*), ma di una storia delle origini e dello sviluppo di tutto il sapere, del nascere e del fiorire delle scuole scientifiche, delle loro lotte, della loro decadenza, del loro cadere in dimenticanza. Si tratterà di determinare le cause e le occasioni (*causes and occasions*) di questo sviluppo e di questa decadenza. Negli anni successivi, preparando la traduzione e l'ampliamento dell'*Advancement*, Bacone indicherà in modo più esplicito che cosa intende con il termine *cause*: dovranno essere determinate le differenti "nature" delle regioni e dei popoli, i caratteri di questi ultimi favorevoli o sfavorevoli all'affermarsi di determinate scienze, le ragioni accidentali che favoriscono o ritardano il progresso della cultura; dovranno esser chiariti i rapporti fra cultura e vita religiosa, fra cultura e leggi, dovrà essere indicata l'efficacia dei singoli nel promuovere le scienze ecc. Una storia così concepita dovrà dunque tenere presenti, attraverso le varie età della storia, tutti gli eventi che abbiano attinenza con la vita della cultura; non sarà scritta in vista della curiosità o della personale soddisfazione, ma avrà un fine assai più serio (*more serious and grave purpose*): insegnare agli uomini a fare consapevole uso del loro sapere.[8]

Nel corso di quella vasta "storia della filosofia" che andò disseminando nelle sue varie opere, Bacone non trascurò di applicare questi precetti. Il mancato sviluppo delle indagini di tipo fisico e il carattere "contemplativo" delle filosofie greca, romana e medievale vengono da Bacone posti in stretto rapporto con le condizioni storiche che furono proprie di quelle civiltà. La filosofia greca prosperò in un'epoca "vicina alle favole, povera di storia, scarsamente informata dei viaggi e della conoscenza della terra". I grandi viaggi di Pitagora, Democrito e Platone, che i greci celebravano come grandi imprese, erano simili a "gite in campagna nei dintorni della città": di qui la "limitatezza" dello spirito greco e il carattere "disputatorio" di quella civiltà. Nell'epoca romana "l'ampiezza dell'Impero esigeva l'opera di molti" e gli ingegni migliori si volsero ai problemi della politica anziché a quelli della filosofia naturale nel Medioevo furono offerti agli studiosi di teologia "premi grandissimi e aiuti d'ogni genere". Ciò distolse ancora una volta gli uomini dal volgersi al mondo della natura, i filosofi ora "ricchi d'ozio e acuti d'ingegno" vivevano chiusi entro le celle dei conventi esercitando le acutissime menti sui testi d'Aristotele.[9]

[8] Cfr. F. BACON, *Works*, ed. by R.L. Ellis, J. Spedding, D.D. Heath, London 1857-74, 7 voll.; III, p. 330 (*Advancement of Learning*); I, pp. 503-504 (*De Augmentis*). Si veda FLUGEL, *Bacon's Historia Literarum*, in "Anglia", XII, 1899.

[9] Cfr. nella cit. ed. delle opere: III, 595-597, 601 (*Cogitata et Visa*); III, 563-565, 570 (*Redargutio philosophiarum*) e *Novum Organum*, 1, 71-72, 79-80, per il giudizio sulla filosofia greca. Per la scolastica cfr. III, 187 (*Cogitationes de scientia humana*), III, 285-287 (*Advancement of Learning*), (*De Augmentis*), *Novum Organum*, I, 89, 121. Sul significato della *storia* nel pensiero di Bacone cfr. P. ROSSI, *F. Bacone*, Bari 1957, pp. 132-148, 191-208, e l'articolo di E. DE MAS, *Bacone e Vico*, in "Filosofia", 1959, 4, pp. 505-559. Ma c'è ancora chi parla di Bacone come dell'"iniziatore del metodo sperimentale" cui mancava "il senso della storicità del sapere" (cfr. R. FRANCHINI, *Il progresso, storia di un'idea*, Milano 1960, pp. 26, 29).

Le critiche rivolte alla tradizione filosofica erano per Bacone parte integrante della *Instauratio Magna.* Il fine di quest'ultima non era "speculativo" e, attraverso l'*instauratio*, Bacone intendeva dar luogo "non ad un'opinione, ma a un'opera, e porre le fondamenta non di una setta o di un sistema, ma le basi di una utilità immensa". Per realizzare quest'opera non basta "riformare la logica", occorre prima di ogni altra cosa rendere gli uomini consapevoli della identità fra progresso nella teoria e progresso nella pratica, fra potenziamento degli strumenti conoscitivi e potenziamento delle capacità operative dell'uomo.

In riferimento a Bacone potremmo far uso delle espressioni che seguono: dire che per Bacone *la capacità di dar luogo a opere è la garanzia della verità del metodo* è perfettamente lecito solo nel caso che si tenga contemporaneamente presente che, secondo il Lord Cancelliere, *solo un metodo vero è in grado di dar luogo a opere reali.*[10] È opportuno, a questo punto, richiamarsi ad alcuni testi di Bacone.

Già nella *conference of pleasure* del 1592 intitolata *The Praise of Knowledge* Bacone aveva posto la sovranità dell'uomo nella conoscenza e, proprio mentre affermava che il fine della scienza è quello di servire alla vita, aveva identificato l'uomo con "ciò che l'uomo conosce".[11] Nel *De Sapientia Veterum* del 1609, interpretando il mito della Sfinge, Bacone aveva trovato modo di riaffermare questa dipendenza del potere umano dal sapere scientifico. Gli enigmi posti dalla Sfinge sono di due tipi: quelli relativi alla natura e quelli che si riferiscono all'uomo. Solo chi riuscirà a conoscere la natura potrà dominarla e solo conoscendo la natura umana sarà possibile acquistare l'imperio su di essa.[12]

La tesi della identità fra verità e utilità è stata espressa da Bacone in una serie di formulazioni differenti delle qua-

[10] È quanto ha visto, con molta chiarezza, G. PRETI, *Dewey e la filosofia della scienza,* in "Rivista critica di storia della filosofia", 1951, IV, pp. 290-291: "...in realtà già Bacone aveva rilevato come una praticità senza verità sia meramente casuale: di fatto, una mediocre praticità". In quest'articolo, facendo fra l'altro riferimento al "baconismo" di Dewey, Preti chiarisce il significato del rapporto verità-utilità nel pragmatismo contemporaneo e vede in Bacone e in Hume i primi sostenitori di questo tipo di rapporto.

[11] J. SPEDDING, *The Letters and Life of F. Bacon. Including All His Occasional Works*, London 1861-72, 7 voll., I, pp. 123-125.

[12] *Works*, cit., VI, p. 679.

li è opportuno dar conto in modo analitico. Queste differenti formulazioni sono state assai spesso isolate dal contesto nel quale erano state collocate: anche su quest'ultimo dovremo dunque fermarci con attenzione.

Nella *Partis Instaurationis Secundæ Delineatio et Argumentum,* nei *Cogitata et Visa* e poi nel *Novum Organum* Bacone si preoccupò di rispondere a una obiezione facilmente prevedibile e che poteva essergli mossa dal punto di vista delle filosofie tradizionali: non è la contemplazione del vero cosa di gran lunga più eccellente e degna di qualsiasi ritrovato pratico, per importante e utile che esso sia? per chi dedica alla meditazione ogni suo amore e ogni venerazione, non può suonare giustamente eccessiva, spiacevole e sgradita la continua insistenza sulle opere, sui risultati pratici, sulle "arti"? questo attardarsi in mezzo alle cose particolari non distoglie la mente dalla serenità e dalla tranquillità che sono proprie della scienza?[13]

È per lo meno strano che chi ha parlato di "utilitarismo" o di "tecnicismo" baconiani abbia spesso fondato le sue argomentazioni proprio sulla base delle stesse domande alle quali Bacone cercò di dare una risposta. La sua risposta, per discutibile che sia, è stata esplicitamente formulata proprio per rispondere alle domande ora elencate e per impedire, in ultima analisi, *che la sua posizione potesse essere scambiata per una posizione utilitaristica.* La risposta di Bacone si configura in due modi distinti:

1) Nella *Partis Instaurationis Secundæ Delineatio* Bacone afferma che colui il quale, in nome della vita contemplativa, protesta contro l'eccessiva insistenza sulle opere, va contro ai suoi stessi desideri perché la purezza della contemplazione e l'invenzione e costruzione delle opere sono fondate quasi sulle stesse cose e insieme vengono fruite (*cum puritas contemplationum atque substructio et inventio operum prorsus eisdem rebus nitantur et simul perfruantur*).[14]

2) Nei *Cogitata et Visa* e nel *Novum Organum* la risposta è più esplicita e decisa. Nella prima opera Bacone afferma che l'impero dell'uomo risiede solo nella scienza e che l'uomo può solo per quel tanto che sa. Il difensore dei diritti della contemplazione va contro ai suoi stessi desideri

[13] *Works*, cit., III, p. 459; III, 612; *Novum Organum*, I, 124.
[14] *Works*, cit., III, p. 549.

ri perché i risultati pratici non sono soltanto benefici per la vita, ma anche pegni di verità (*opera non tantum vitæ beneficia, sed et veritatis pignora sunt*). Come nella religione si chiede che ciascuno mostri la sua fede con le opere, così nella filosofia naturale si chiede che la scienza venga dimostrata con i risultati pratici.

Più che la "argomentazione" o la "esperienza immediata", questi ultimi sono infatti in grado di dimostrare la verità. Questa affermazione poggia sulla convinzione che un'unica e identica norma governa il progresso della condizione e della mente dell'uomo (*quare unam eandemque rationem et conditionis humanæ et mentis dotandæ esse*).[15] Nel paragrafo 124 del primo libro del *Novum Organum* Bacone, invece di porre in rilievo la contraddizione presente nella domanda del sostenitore della contemplazione, accetta esplicitamente le sue stesse conclusioni. Le esigenze che si esprimono attraverso quelle domande sono perfettamente legittime, ma quelle domande non hanno il valore di una obiezione perché quanto si suggerisce circa il valore della contemplazione o della "teoria" viene integralmente realizzato proprio nell'ambito della riforma del sapere. L'immagine del mondo a cui si vuol dar luogo non è infatti quella relativa alla ragione individuale, ma quella "verace" e "conforme alla realtà". Le filosofie "fantastiche" che hanno "scimmiottato" la natura sono solo espressione degli idoli confusi della mente umana o di arbitrarie astrazioni (*abstractiones ad placitum*). Si tratta invece di giungere alla comprensione dei veri suggelli imposti dal Creatore sulle creature (*vera signacula Creatoris super creaturas*). Sotto questo rispetto le *cose proprio in quanto tali* sono insieme verità e utilità e le opere stesse devono stimarsi più come pegni di verità che non a causa delle comodità della vita (*atque ipsissimæ res sunt, in hoc genere, veritas et utilitas: atque opera ipsa pluris facienda sunt, quatenus sunt veritatis pignora, quam propter vitæ commoda*).

4

"Non è la contemplazione della verità cosa di gran lunga più degna e eccellente di qualsiasi ritrovato pratico per

[15] Ivi, III, p. 612.

importante ed utile che esso sia?" A questa stessa domanda, in tempi diversi, Bacone ha dato quindi due risposte differenti. Prima di chiarire il rapporto che intercorre fra queste risposte e lo sviluppo del pensiero di Bacone è necessario fermarci ad analizzare il significato del passo del *Novum Organum* citato al termine del paragrafo precedente.

Non sono mancate contrastanti interpretazioni di questo passo e molti interpreti hanno tradotto *ipsissimæ res sunt veritas et utilitas* con *verità e utilità sono la stessissima cosa*. Questa traduzione, alquanto diffusa, appare difficilmente sostenibile. Lo stesso Spedding che ne è il più autorevole sostenitore ha dovuto rinunciare a giustificare questo uso del termine *ipsissimæ* da parte di Bacone: "I do not think that the use of *ipsissimæ* can be justified if the meaning be (as I think it must) that the truth and utility are (in this kind) the very same things".[16] Coloro che hanno seguito la traduzione dello Spedding (per citarne qualcuno: il Levi, il Banfi, il Canfora, il Saloni, l'Anderson)[17] non hanno espresso i dubbi che il maggiore studioso di Bacone aveva creduto di dover segnalare, ma non hanno portato alcuna giustificazione della loro traduzione.

La insostenibilità della traduzione ora ricordata deriva a mio avviso da due ragioni:

1) Bacone conosceva abbastanza il latino per usare correttamente *idem* al posto di *ipse* (per es.: *ista duo pronuntiata, activum et contemplativum, res eadem sunt*...; e potrebbe essere qui citato un numero straordinariamente grande di esempi).

2) La locuzione *ipsissimæ res* o il termine *ipsissimus,* che hanno larga diffusione nella terminologia scolastica, ricorrono in altri passi del *Novum Organum* con un significato tecnico preciso. Dal non avere tenuti presenti questi altri usi del termine deriva a mio parere la insufficienza di quelle interpretazioni o traduzioni che, discostandosi dalla proposta dello Spedding, hanno inteso *ipsissimæ res sunt veritas et utilitas* come *truth and utility are in this kind the very things we*

[16] Ivi, I, p. 218, nota 1.

[17] Cfr. A. Levi, *Il pensiero di F. Bacone*, cit., p. 169; e le traduzioni del *Novum Organum* di A. Banfi, Milano 1943, p. 109; di F. Canfora, Bari 1938, p. 163; di A. Saloni, Firenze 1942, p. 139; F. Anderson, *The Philosophy of F. Bacon*, cit., p. 185.

seek for (Ellis) o *the chief things of all are, in this kind, truth and usefulness* (Kitchin) o infine *the very things themselves* (*that is the facts of nature*) *are, in this kind of inquiry, both truth and utility* (Fowler).[18] Anche quest'ultima traduzione, che è dell'autore del migliore commento al *Novum Organum* e che è senza dubbio quella che più si avvicina all'esattezza, non ha tuttavia tenuto presente gli altri passi dell'opera di Bacone. A questi passi faremo ora riferimento.

Nel paragrafo 13 del secondo libro del *Novum Organum*, Bacone definisce la forma come *ipsissima res* affermando che la cosa e la forma differiscono soltanto come l'apparente e l'esistente, l'esterno e l'interno e sono la stessa cosa considerata ora in rapporto all'uomo, ora in rapporto all'universo (*cum enim forma rei sit ipsissima res; neque differat res a forma aliter quam differunt apparens et existens, aut exterius aut interius, aut in ordine ad hominem aut in ordine ad universum*). Nel paragrafo 20 del secondo libro Bacone fa uso del termine *ipsissimus* e parla di *ipsissimus calor sive quid ipsum caloris*. Per Bacone, com'è noto, esiste una radicale differenza di piani fra esperienza comune e esperienza scientifica. Egli ritiene inoltre che tutti i fenomeni naturali siano riducibili a un numero finito di elementi semplici. La natura oggettiva del calore è determinabile attraverso un'indagine che, superando il piano delle apparenze sensibili, miri a individuare la presenza di determinate condizioni di tipo geometrico-meccanico. Tali condizioni costituiscono il calore nella sua oggettività, considerato cioè non *ex analogia hominis*, ma *ex analogia universi*. Il calore, per Bacone, è *una specie del genere "moto"*. Non che il calore generi movimento o sia generato da esso: è l'*ipsissimus calor sive quid ipsum caloris* che è *motus et nihil aliud*. Dato che il rapporto calore-moto è quello di specie-genere, sono enumerabili alcune *differenze* che limitano il movimento e lo costituiscono nella forma del calore. Si tratta di un moto espansivo, rapido, diretto verso l'alto, che appartiene non a tutto il corpo ma alle sue parti. La definizione di calore ricavata mediante la *vindemiatio prima* è insieme speculativa e operativa: se in un corpo naturale si potrà produrre un moto fornito dei caratteri indicati nella definizione (*espansivus, cohi-*

[18] Cfr. *Bacon's Novum Organum*, ed. by Th. Fowler, Oxford 1889, p. 329, che riporta anche le altre traduzioni citate nel testo.

bitus, nitens per partes minores ecc.) si genererà infallibilmente calore (*proculdubio generabit calidum*).

L'esame di questi due passi del *Novum Organum* ci consente di affermare: 1) che l'espressione *ipsissimæ res* e il termine *ipsissimus* sono usati da Bacone in riferimento alla "realtà oggettiva delle cose" o alle "cose nella loro realtà" o addirittura alla "essenza" (nel particolare significato che Bacone dà a questo termine) o alla "forma" che è stata definita come *ipsissima res*; 2) che l'uso di questi termini appare direttamente legato a una considerazione della realtà *ex analogia universi* e non *ex analogia hominis*; 3) che l'impiego di questi termini appare legato al tema, centrale nella filosofia di Bacone, di una *expurgatio intellectus* che trasformi la mente umana, simile a uno "specchio incantato", in un limpido specchio capace di riflettere le strutture della realtà naturale.

Per Bacone la mente umana lasciata "libera" (sprovvista cioè di una qualsiasi tecnica di controllo e di un qualunque metodo di approccio alla realtà) è "assolutamente incapace di vincere l'oscurità delle cose" e "procede irregolarmente".[19] I prodotti della mente "libera" sono soltanto *idola,* cioè opinioni inefficaci e arbitrarie (*placita quædam inania*), mentre le idee della mente divina sono "i veri sigilli e segni impressi sulle creature così come si ritrovano" (*veræ signaturæ atque impressiones factæ in creaturis prout inveniuntur*).[20] Per raggiungere la realtà delle cose, questi "divini segni" impressi da Dio, occorre liberarsi dagli *idola.* Nel paragrafo 124 del *Novum Organum* (poche righe sopra il passo del quale ci stiamo occupando) Bacone si è richiamato in modo esplicito a questa tesi distinguendo ancora una volta fra *idola* e *idee divine.* Da questo punto di vista il senso della sua espressione può risultarci chiaro. Il senso del passo è il seguente: *le cose, così come esse realmente sono, considerate non dal punto di vista dell'apparenza, ma da quello dell'esistenza, non in rapporto all'uomo, ma in rapporto all'universo, offrono congiuntamente la verità e l'utilità.* In altri termini: solo ove la mente umana abbandoni il suo stato di arbitraria libertà (o "abbandono a sé medesima") e impari a far uso di tecniche specifiche di ricerca, essa potrà pervenire alla conoscenza dei

[19] *Novum Organum,* I, 21.
[20] Ivi, I, 23.

fatti naturali nella loro oggettività e solo da questo punto di vista (che è poi quello della *scienza* e del *metodo* contrapposto a quello delle varie filosofie *fantastiche*) le verità teoriche e le regole operative, la verità e l'utilità, si presentano congiunte e identiche.

5

La coincidenza di sapere e potenza, di verità e utilità, la convertibilità della teoria nelle operazioni presuppone dunque l'adozione, da parte dell'intelletto, di precise regole tecniche e di strumenti logici capaci di ampliarne i poteri e i limiti e insieme di controllarne e assicurarne il progresso. Solo l'adozione del "nuovo metodo" garantisce in altri termini questa coincidenza la quale non è invece in alcun modo presente né in alcun modo realizzabile ove la mente sia sprovvista di strumenti o ritenga di poter lavorare senza di essi. Sul piano della mente umana lasciata "libera" c'è posto solo per le costruzioni fantastiche delle filosofie della natura tradizionali che sono condannate alla sterilità o per la riduzione della filosofia su un piano retorico che la rende esclusivamente atta a servire ai bisogni della vita civile o a rendere più piacevoli i discorsi umani.

Chiedersi se le verità scientifiche dipendano dai procedimenti impiegati per affermarle o dalla loro fecondità pratica è per Bacone *un dilemma privo di senso*: una verità scientifica è sempre feconda e questa fecondità dipende proprio ed esclusivamente dal suo carattere di piena verità. Le due gemelle intenzioni umane (scrive Bacone), la scienza e la potenza, coincidono in una sola e l'ignoranza delle cause provoca il fallimento delle opere: ciò che in sede teorica vale come causa, in sede operativa vale come regola (*quod in contemplatione instar causæ est, id in operatione instar regulæ est*).[21] Ciò implica che a una *causa* che non possa contemporaneamente valere come *regola* non può legittimamente applicarsi la qualifica di *causa* e viceversa. Si tratta di ricavare dagli esperimenti le cause e da queste nuovi esperimenti. Non si tratta però di due processi, ma di un pro-

[21] *Works*, cit., I, p. 144 (*Distributio operis*); cfr. anche III, pp. 553-554 (*Partis Instaurationis Secundæ Delineatio*), *Novum Organum*, I, 3.

cesso solo perché ricerca teorica e applicazione pratica non sono che *la stessa esperienza che si configura in due modi diversi.* Posta di fronte a un certo *effetto* o a una certa *natura,* la "contemplazione" muove alla ricerca della causa; partendo appunto dalla causa e usandola come *mezzo* l'"operazione" cerca di conseguire determinati effetti o di far assumere a qualche corpo quella certa *natura.* Ogni esperimento è, capovolto, una operazione pratica.[22] A un *vero precetto* corrisponde in tal modo (nel linguaggio baconiano) un *perfetto operare*: la ricerca teorica e l'applicazione pratica sono la stessa cosa e ciò che è più utile in pratica è ciò stesso che è più vero nella teoria. (*Ista autem duo pronuntiata, activum et contemplativum, res eadem sunt; et quod in operando utilissimum, id in sciendo verissimum.*[23])

6

Ciò che soprattutto interessa Bacone è che il progresso delle costruzioni teoriche e il progresso della condizione umana non vengano considerati "separati", o addirittura "opposti", come ha fatto la filosofia fino dal tempo di Socrate e di Platone. È necessario, per questo, non solo affermare la convergenza di verità e utilità, ma anche *non* porre la verità in un *rapporto di dipendenza* con la utilità. Una praticità senza verità è per Bacone arbitraria e casuale, incapace di progresso e di sviluppo. La caccia al risultato pratico immediato è tipica dei procedimenti della magia e dell'alchimia: questa smania di risultati pratici dipende direttamente dalla deficienza e dalla lacunosità delle "teorie" che guidano le operazioni dei maghi e degli alchimisti. Esse han-

[22] Cfr. C.A. VIANO, *Esperienza e natura nella filosofia di F. Bacone,* in "Rivista di filosofia", 1954, III, p. 301: "In fondo ricerca teorica e applicazione pratica non sono che due diversi modi di configurarsi della stessa esperienza ed ogni esperimento è, capovolto, un'applicazione pratica". Anche il Viano finisce tuttavia per aderire alla nota tesi "utilitaristica" e parla di "carattere meramente strumentale del conoscere rispetto all'operare" (p. 296); da questo punto di vista si comprende come egli possa pervenire a conclusioni a mio avviso difficilmente accettabili: Bacone, per il Viano, sarebbe il filosofo che "non si chiese che cosa significhi operare, che posto esso operare debba avere nella vita d'un uomo o di una società" (p. 312).

[23] *Novum Organum,* II, 4.

no carattere individuale soggettivo, non comunicabile né codificabile; quell'"apparato teorico" non è in realtà un "apparato" proprio perché manca di rigore linguistico, di comunicabilità e intersoggettività. Mentre, in polemica con i procedimenti magico-alchimisti, Bacone avanzava l'esigenza di metodi rigorosi e codificabili, egli affermava che le opere "andavano ricercate più come pegni di verità che non a causa delle comodità della vita" (*opera ipsa pluris facienda sunt, quatenus sunt veritatis pignora, quam propter vitæ commoda*).[24] Non si tratta evidentemente di una coincidenza casuale: fra questa espressione e quella esigenza esiste un legame preciso. In nome dei diritti della "teoria" Bacone prendeva posizione contro gli *empirici* che raccolgono il grano quand'è ancora verde o si richiamava al mito di Atalanta che perse la gara per racogliere i frutti dorati o affermava la necessità di far precedere agli *experimenta fructifera* gli *experimenta lucifera* volti a stabilire gli assiomi e a determinare una tecnica di controllo degli assiomi medesimi.[25] Questa preoccupazione per l'apparato teorico della ricerca scientifica appare particolarmente evidente nella *Partis Instaurationis Secundæ Delineatio* del 1607 nella quale, come è scritto molto giustamente, "la tecnica di controllo degli assiomi pare avere una parte preponderante rispetto alla loro efficacia".[26] In questa proposizione la parola *pare* è a mio avviso molto importante perché (anche nel caso della *Delineatio*) non è possibile vedere una ammissione, da parte di Bacone, di una separazione fra i due atteggiamenti, il contemplativo e l'operativo, "considerati entrambi legittimi". L'Anderson, che ha sostenuto con molta energia questa tesi, ha scritto che la *Delineatio,* a differenza delle altre opere, *separates the contemplative function of knowledge from the operative,* ma si è fermato ad un'analisi non sufficientemente approfondita del testo.[27]

L'opera della ragione, scrive Bacone nella *Delineatio*, è duplice e può avere un duplice fine e uso. Il fine dell'uomo può essere quello di sapere o contemplare o quello di agire

[24] *Works*, cit., III, p. 612 (*Cogitata et Visa*) e *Novum Organum*, II, 4.

[25] Cfr., nella cit. ed. delle opere: I, p. 141; III, p. 498; VI, p. 668; *Novum Organum,* I, 70, 99, 117, 121.

[26] C.A. VIANO, *Esperienza e natura*, cit., p. 301.

[27] F. ANDERSON, *The Philosophy of F. Bacon*, cit., p. 90.

o operare ed egli ricerca o la cognizione delle cause o l'abbondanza degli effetti. Conoscere la causa di un determinato effetto è il fine della conoscenza, introdurre in una determinata "base materiale" una certa *natura* è il fine della potenza. L'Anderson ha fatto leva su questa distinzione e ha interrotto a questo punto la sua esposizione del testo. In realtà la distinzione è introdotta da Bacone in via provvisoria. Subito dopo infatti egli aggiunge: "questi due propositi, a chi guardi più attentamente o esamini più veracemente mettono capo ad uno solo perché ciò che nella contemplazione vale come causa, nell'operazione vale come mezzo" (*hæ intentiones, acutius inspicienti et vere æstimanti in idem coincidunt. Nam quod in contemplatione instar causæ est, in operatione est instar medii*).[28] Non basta. Bacone fornisce a questo punto una vera e propria *giustificazione* della distinzione che ha introdotto. Di essa lo Anderson non tiene conto. Si tratta invece, ritengo, di un passo interessante che verrà ripreso (in senso diverso) nel *Novum Organum* e che può essere utile a chiarire l'atteggiamento di Bacone di fronte a questo problema. Della distinzione fra *sapere* e *operare*, scrive Bacone, non ci sarebbe affatto bisogno se tutti i mezzi necessari alle opere fossero a disposizione degli uomini. Date le molteplici necessità e la debolezza umana, la capacità di operare è stretta in limiti molto più angusti di quelli concessi alla conoscenza. Ne segue che molto spesso nell'attività pratica si finisce per richiedere "una certa abilità nella scelta di ciò che è immediatamente a disposizione" piuttosto che una conoscenza "libera e universale" di ciò che può essere eseguito. Per questa ragione, conclude Bacone, è opportuno, ai fini della trattazione, introdurre la distinzione fra sapere e operare o fra ricerca delle cause e utilizzazione degli effetti. La scissione fra i due termini dipende dunque per Bacone dal fatto che le operazioni umane sono attualmente affidate a una "prudenza" immediatistica e a una serie di accorgimenti di carattere empirico e "artigiano" non sorrette né guidate da un metodo, sprovviste di ogni generalità e universalità. Proprio questi angusti limiti che determinano l'operare umano sono ciò che Bacone intende spezzare, ma dare agli uomini la possibilità di *operare liberamente* equivale ad allargare la

[28] *Works*, cit., III, p. 554 (*Partis Instaurationis Secundæ Delineatio*).

loro conoscenza delle cause e sostituire a teorie "fantastiche" teorie "vere".

Se dalla *Delineatio* ci volgiamo ora al *Novum Organum* ci accorgiamo che la posizione di Bacone sembra essersi invertita. Qui egli afferma che, data la pericolosa e inveterata abitudine di volgersi alle "astrazioni", sembra molto più sicuro iniziare la restaurazione delle scienze dai fondamenti che hanno attinenza con la parte attiva o operativa affinché le chiarificazioni raggiunte in questo settore si riflettano anche su quello contemplativo o teorico e giungano a determinarlo (*propter perniciosam et inveteratam consuetudinem versandi in abstractis, tutius omnino est ordiri et excitare scientias ab iis fundamentis quæ in ordine sunt ad partem activam, ut illa ipsa partem contemplativam signet et determinet*).[29] Per raggiungere questo scopo egli si serve proprio della descrizione di un'operazione (introdurre o "generare" su un corpo dato una certa natura) per mostrare, con la maggiore chiarezza possibile, quale precetto e quale direzione vadano seguiti e per determinare di conseguenza l'*assioma vero* o la formulazione teorica di cui servirsi in ogni operazione tendente alla trasformazione di un corpo.

Affermare, come molti hanno fatto, che nella *Delineatio* sarebbe presente una separazione fra teoria e pratica che verrebbe poi negata nel *Novum Organum* non sembra quindi in alcun modo giustificato. L'atteggiamento assunto da Bacone nella *Delineatio* differisce da quello presente nel *Novum Organum* solo in questo senso: nella prima opera Bacone ritiene sia più opportuno far leva su un'analisi degli assiomi o proposizioni generali per modificare il rapporto istituito dalle filosofie tradizionali fra teoria e pratica (o fra verità e utilità); nella seconda opera Bacone ritiene sia più sicuro iniziare la riforma del sapere dalla "pratica" (o dalle operazioni) invece che muovere dalla teoria. *Nel primo caso egli fa leva sulla maggior libertà delle costruzioni teoriche di fronte alla immediatezza di operazioni "casuali"; nel secondo caso fa leva sulla descrizione di operazioni "organizzate" per mettere in luce il carattere arbitrario delle "teorie" tradizionali*.

Non a caso dal *Temporis Partus Masculus* alla *Redargutio Philosophiarum*, dai *Cogitata et Visa* fino al *Novum Or-*

[29] *Novum Organum*, II, 4.

ganum Bacone venne insistendo, per quasi vent'anni, su una duplice critica: mossa parallelamente alla "insufficienza" del lavoro degli *empirici* e alla astrattezza e arbitrarietà delle teorie dei *razionali*. Era una polemica condotta per così dire, su due fronti:

> Sono soliti occuparsi della natura, per quanto concerne le opere, il meccanico, il matematico, il medico, l'empirico e il mago; ma tutti, allo stato attuale delle cose, con lieve fatica e con scarso successo... Anche le invenzioni già realizzate si devono al caso e all'empiria piuttosto che alle scienze...
> Le anticipazioni della natura sono abbastanza salde relativamente al consenso; infatti se anche gli uomini impazzissero in maniera unica e conforme, potrebbero abbastanza bene andare d'accordo... I filosofi razionalisti prendono dall'esperienza casi vari e comunque non sufficientemente provati né esaminati e ponderati: tutto viene affidato alla meditazione e al turbinio vorticoso dell'intelligenza...[30]

Anche là dove Bacone introduce una distinzione fra parte speculativa e parte operativa della filosofia naturale o, come nel *De Augmentis*[31] (che è la sua opera più legata alla tradizione e alle classificazioni culturalmente già codificate), fra "scala ascendente" (che sale dalle esperienze alle proposizioni generali) e "scala discendente" (che dalle proposizioni generali discende a nuove invenzioni), egli non smentisce né contraddice la sua tesi della identità scienza-potenza, verità-utilità, causa-regola. La separazione che viene introdotta fra i termini che compongono queste coppie è presentata sempre come provvisoria e preparatoria: essa ha un senso preciso nell'ambito di un tentativo di riforma delle attuali condizioni della scienza; perde ogni senso entro una scienza rinnovata che abbia superato la situazione di incertezza operativa e di arbitrarietà teorica che caratterizza, secondo Bacone, tutto il sapere attuale. Questa incertezza e questa arbitrarietà *sono insieme l'effetto e la causa* della scissione fra verità e utilità. Per sbloccare questa situazione "che sembra non avere alcuna via d'uscita" è necessario che l'uomo adotti verso la realtà naturale un nuovo atteggiamento, riesca a ristabilire con la natura un "con-

[30] Ivi, I, 5, 8, 27, 62.
[31] *Works*, cit., I, p. 547.

tatto" che è andato perduto, impari a considerare il mondo non *ex analogia hominis*, ma *ex analogia universi.* In vista di questi scopi è necessario: giungere a una nuova definizione di *uomo* (non più *animale razionale,* ma *ministro e interprete della natura*), formulare un nuovo metodo scientifico, fondare una storia naturale che sia in base alla nuova filosofia, riorganizzare l'intero *corpus* del sapere.

Quando Bacone accusa Aristotele di aver avuto la pretesa di "produrre" il mondo mediante una serie di distinzioni verbali, o protesta contro le "ragnatele" costruite con grande acutezza di ingegno dagli scolastici, egli mira a colpire una logica che, dal suo punto di vista, si presenta come un ostacolo a ogni effettivo processo di indagine sulla natura. Quella logica, secondo Bacone, è senza dubbio in grado di insegnare agli uomini a trarsi d'impaccio nelle dispute, ma non può aiutarli né a stabilire assiomi veri, né, di conseguenza, a effettuare operazioni feconde. Si tratta di una logica "sovrapposta alle cose" che sostituisce alla "materia", al "vuoto", al "denso", al "raro" delle astrazioni concettuali. Questa sterilità (e su questo punto non si insisterà mai abbastanza) non dipende tuttavia per Bacone dal fatto che quella logica è costituita di astrazioni, ma dal fatto che tali astrazioni: *a*) sono "opinioni belle e probabili invece che cognizioni certe e dimostrate"; *b*) sono ottenute mediante l'impiego di un metodo erroneo e affrettato; *c*) costringono di conseguenza solo l'assenso invece di costringere anche la natura.[32] Solo la frettolosità di certe interpretazioni può spiegare il fatto che alcuni abbiano visto in Bacone una specie di negatore dei diritti della "conoscenza" o della "logica". "Il secco lume della logica," scrisse il Lord Cancelliere, "offende e brucia le intelligenze madide e molli dei più."[33] Egli non poneva certo se stesso fra que-

[32] *Works*, cit., I, p. 154 (*Præfatio*), e *Novum Organum*, I, 18, 29.

[33] *Works*, cit., I, p. 616: "Pars ista humanæ philosophiæ quæ ad logicam spectat, ingeniorum plurimorum gustui ac palato minus grata est, et nihil aliud videtur quam spinosæ subtilitatis laqueus et tendicula... Eodem modo (ut plurimum) illæ scientiæ placent quæ habent infusionem nonnullam carnium magis esculentam, quales sunt historia civilis, mores, prudentia politica, circa quas hominum cupiditates, laudes, fortunæ vertuntur et occupatæ sunt. At istud lumen siccum plurimorum mollia et madida ingenia offendit et torret. Cæterum unamquamque rem propria si placet dignitate metiri, rationales scientiæ reliquarum omnino claves sunt".

ste ultime e le *interpretazioni della natura* che egli intendeva sostituire alle *anticipazioni* della logica tradizionale non sono affatto meno "astratte" delle seconde: al contrario, mentre queste ultime "subito afferrano l'intelletto e riempiono la fantasia", le prime "non possono colpire subito l'intelletto e sembrano necessariamente all'opinione comune difficili ed estranee come i misteri della fede".[34]

Nella logica tradizionale si verificano due fenomeni contro i quali Bacone prende posizione: *a*) il sistema delle relazioni logiche o delle regole del discorso veniva dichiarato autosufficiente e fornito di finalità intrinseche; *b*) veniva ignorata la necessità di operazioni capaci di applicare tali regole e tali significazioni alla realtà naturale. Da questi due punti deriva quel carattere che, secondo Bacone, è comune a tutto il pensiero tradizionale: i requisiti del discorso naturale sono stati assunti come misura della realtà naturale. Per Bacone proprio le "operazioni" costituiscono invece il linguaggio al quale è opportuno richiamarsi per togliere alla logica il suo carattere di discorso assolutamente isolato e completamente separato dalle operazioni nelle quali esso funziona: *prolatio verborum contemplativa aut operativa re non differunt. Cum enim hoc dicis: lumen non est ex forma caloris; idem est si dicas: in calore producendo non necesse est ut etiam lumen producas.*[35] Non è questa la sede opportuna per esaminare le *origini* e i *limiti* della riforma della logica tentata da Bacone; ciò che qui va rilevato è che un atteggiamento di questo genere presupponeva una valutazione dei procedimenti, dei metodi, degli strumenti impiegati nel lavoro produttivo degli artigiani e dei tecnici che si poneva in consapevole antitesi con quella presente nella cultura tradizionale.

La consapevolezza della identità fra progresso nelle teorie e progresso nella condizione umana era senza dubbio per Bacone un elemento indispensabile alla formulazione stessa di un progetto di restaurazione e riforma del sapere, ma è altrettanto vero che la identità di scienza e potenza, verità e utilità gli si presentava più come un fine da realizzare attraverso la riforma che come un risultato acquisito. Non a caso proprio nella dottrina delle forme, che e al cul-

[34] *Novum Organum*, I, 28.
[35] *Works*, cit., III, p. 794 (*Aphorismi et Consilia*).

mine del metodo e rappresenta il fine ultimo di tutta la filosofia naturale, egli vedeva la garanzia della assoluta operatività del sapere scientifico e della piena coincidenza fra sapere e operare. La via della verità e della potenza è la medesima, scrive Bacone negli *Aphorismi et Consilia,* cioè che siano trovate le forme delle cose; dalla conoscenza delle forme deriva la *contemplatio vera* e la *operatio libera (eadem est veritatis et potestatis via et perfectio: hæc ipsa, ut formæ rerum inveniantur: ex quarum notitia sequitur contemplatio vera et operatio libera).*[36] Questo passo costituisce anche una conferma della interpretazione in precedenza data al paragrafo 124 del primo libro del *Novum Organum.*

Mario Manlio Rossi ha scritto, con molta penetrazione, che la differenza fra l'utilitarismo della scienza moderna e quello di Bacone consiste in ciò: che quello moderno non ci dice, come Bacone, che la scienza *deve servire,* ma che la scienza *realmente serve*; l'utilitarismo moderno, prosegue M.M. Rossi, "non ammette (cosa che Bacone ammetteva e quindi combatteva) che la scienza possa mai essere pura costruzione teorica, in nessun modo influenzata dagli scopi umani e dagli umani bisogni".[37] Non sono d'accordo con M.M. Rossi né sulla opportunità di usare in questo caso il termine *utilitarismo*, né sulla valutazione che egli dà, in base a questa distinzione, di Bacone come "filosofo della tecnica". Nonostante questo disaccordo, penso che la sua distinzione possa essere molto utile per chiarire il significato storico della posizione assunta da Bacone. Nella situazione storica nella quale Bacone si trovava a operare il suo atteggiamento filosofico doveva necessariamente configurarsi come il tentativo di stabilire una gerarchia di valori fra il sapere "verboso" che egli riteneva di avere alle spalle e il nuovo sapere che egli pensava di dover instaurare. Per questo, nella sua opera, la tesi dell'identificazione di scienza e potenza, verità e utilità non si presenta mai come una semplice constatazione di fatto, ma assume il tono caratteristico e solenne di un appello lanciato al genere umano perché scelga fra due strade diverse e fra due concetti diversi di "verità". Si trattava, per lui, di chiudere un'epoca della civiltà, di porsi (e questo rientrava anche nel suo temperamento) come

36 *Ibidem.*

37 M.M. Rossi, *Saggio su F. Bacone,* Napoli 1935, p. 186.

araldo e indicatore di un nuovo destino. Mi pare che nessuna "constatazione di fatto" possa mai eliminare, in una qualunque posizione di tipo pragmatistico, né questo rifiuto di un certo modo di filosofare, né questo appello a una scelta fra due tipi di "verità". Un filosofo del secolo XX come Dewey può certo appellarsi, assai più di quanto non fosse consentito a Bacone, al riconoscimento che la scienza *di fatto serve,* ma anche Dewey ha "rifiutato" la logica classica mettendo in luce il carattere di classe della cultura della Grecia antica[38] e ha duramente polemizzato contro quelle filosofie che concepiscono la scienza come "pura costruzione teorica, in nessun modo influenzata dagli scopi umani e dagli umani bisogni". Nel caso di Bacone, come in quello di Dewey,

[38] Cfr. J. DEWEY, *Logica teoria dell'indagine,* Torino 1949, pp. 158 sgg. Si veda in particolare quanto scrive il Dewey alle pp. 144-145. È necessario, per il Dewey, riconoscere la struttura classista della cultura greca. Da questo punto di vista la logica classica "era parziale anche dal punto di vista delle risorse di cui in quei tempi e in quei luoghi ci si poteva valere. I fondatori della logica classica non riconobbero che gli arnesi costituiscono una sorta di linguaggio che è in più stretta connessione con le cose della natura di quel che non lo siano le parole, né che la sintassi delle operazioni provvede un modello che può costituire uno schema più esatto di conoscenza ordinata che non il linguaggio, parlato e scritto. La vera conoscenza scientifica rifiorì quando l'indagine adottò come costitutivi dei suoi procedimenti e scopi i prima disprezzati strumenti e procedimenti dei lavori produttivi. Quest'adozione è la caratteristica fondamentale del metodo sperimentale della scienza". Sul *baconismo,* che è senza dubbio uno degli aspetti centrali della filosofia di Dewey, gli interpreti non si sono abbastanza soffermati. Si veda, significativa eccezione, l'articolo di G. PRETI, *Dewey e la filosofia della scienza,* cit. Molto si potrebbe aggiungere sull'argomento e non sarebbe difficile porre in luce lo stretto legame che congiunge la posizione di Dewey a quella di Bacone per quanto riguarda, per esempio, la valutazione della filosofia e della civiltà greche. Basterà qui ricordare come in *Ricostruzione filosofica* (Bari 1931, p. 77) Dewey definisse il programma del rinnovamento della filosofia: "La ricostruzione filosofica consiste oggi nello sforzo... di consentire alle aspirazioni baconiane di giungere a una libera e non impedita espressione". Su Bacone come "fondatore della filosofia moderna" cfr. la stessa opera alle pp. 55, 61, 111. Ma è da sottolineare un passo caratteristico del Dewey (in *Problemi di tutti,* Milano 1950, pp. 276-277): "...non sono affatto sicuro di ciò che implicano certe norme di pragmatismo. A volte esse sembrano indicare che una proposizione razionale o logica è giusta fino ad un certo punto ma ha limiti esterni, in modo che nei momenti critici bisogna ricorrere a considerazioni di un ordine specificamente irrazionale o extralogico, e questo ricorso è stato identificato con la scelta o l'"attività'. In tal modo la prassi e la logica vengono ad opporsi; ed è precisamente il contrario di quanto io cerco di sostenere...".

la tesi di una identità verità-utilità poggia da un lato su una *confutazione delle filosofie*, dall'altro su una valutazione della tecnica e delle "arti meccaniche" ben diversa da quella che fu propria del mondo classico.

7

Le osservazioni fin qui svolte non intendono in alcun modo presentarsi come un'interpretazione complessiva della filosofia di Bacone e del suo significato storico. Qui si voleva soltanto mettere nel giusto rilievo, entro il complesso intreccio di posizioni e di problemi da cui quella filosofia è costituita, alcuni temi o motivi di pensiero sui quali gli interpreti non hanno a sufficienza insistito. Questi temi sono formulabili, anche se approssimativamente, nel modo seguente: 1) Bacone rifiutò la separazione e la opposizione presente nell'ambito delle filosofie tradizionali (o di ciò che egli riteneva quelle filosofie fossero) fra teoria e pratica, fra logica e operazioni, fra verità e utilità; 2) interpretò questa opposizione come legata a un duplice atteggiamento (che aveva secondo lui origini storico-sociali ben precise e determinate) di "venerazione" per la contemplazione o per la verità nella sua purezza e di indifferenza o "disprezzo" per tutto ciò che è legato a operazioni pratiche o materiali; 3) si preoccupò quindi di mettere opportunamente in rilievo l'importanza dei fattori materiali nello sviluppo della filosofia e della cultura; 4) sostenne, su queste basi, la identità di verità-utilità, teoria-operazioni, conoscere-fare e giunse a ritenere che ogni separazione e contrapposizione fra questi termini crei insuperabili ostacoli sia in vista della costruzione di teorie "vere" sia in vista del raggiungimento di risultati "effettivi".

La presenza nel pensiero di Bacone di tesi di questo genere dovrebbe rendere quanto meno problematico parlare, come molto spesso si è fatto, di *utilitarismo* baconiano ed esse sembrano contrastare con l'affermazione, tante volte ripetuta, di una *subordinazione,* presente nella filosofia di Bacone, della scienza alla tecnica, della logica alle operazioni, della verità all'utilità, del sapere all'operare.

Appendice terza

La nuova scienza e il simbolo di Prometeo

1

Nei suoi studi sul Rinascimento Cassirer ha sottolineato energicamente l'importanza e il significato delle *forme simboliche concrete* nella filosofia del Rinascimento e, mostrando il trapasso che si attuò nel Boccaccio e nel Bovillus fra il motivo di Adamo e quello di Prometeo, ha posto in luce gli ideali di umanità di cui quei simboli furono espressione. Il celebre volume del Seznec[1] e gli studi di Charles Lemmi,[2] del Renaudet,[3] di Yvonne Batard[4] hanno insistito sull'importanza che le *favole antiche* e la sopravvivenza degli *dèi de' Gentili* ebbero nella cultura del Medioevo e del Rinascimento.[5] Ma, come è stato giustamente notato, il rilievo della persistenza dei *contenuti* e dei *luoghi retorici* delle favole e dei simboli ha impedito a molti una comprensione della novità degli atteggiamenti e degli ideali che in quei miti trovarono espressione.[6] Così Seznec, dopo aver mostrato

[1] J. SEZNEC, *La survivance des dieux antiques. Essai sur le rôle de la tradition mythologique dans l'humanisme et dans l'art de la Renaissance*, London 1940 (cfr. la recensione di B. CROCE in "La parola del passato", III, 1946, pp. 273-285, ora in *Varietà di storia letteraria e civile*, serie II, Bari 1949, pp. 50-65).

[2] CH.W. LEMMI, *The Classical Deities in Bacon. A Study in Mythological Simbolism*, Baltimore 1933.

[3] A. RENAUDET, *Dante humaniste*, Paris 1952.

[4] Y. BATARD, *Dante, Minerve et Apollon. Les images de la Divine Comédie*, Paris 1952.

[5] Da tenere presente anche lo studio di M. PRAZ, *Studies in Seventeenth Century Imagery*, London 1939.

[6] Si veda quanto scrive E. Garin a proposito delle ricerche di E.R. Curtius sul simbolo del libro (*Das Buch als Symbol*, nel vol. *Europäische Lite-*

la presenza in tutta la cultura medievale dei miti della classicità, si serviva di questa accertata identità di contenuti culturali per farsi sostenitore di una rigorosa e assoluta continuità fra Medioevo e Rinascimento. A conclusioni non dissimili giungevano il Renaudet e Charles Lemmi. Quest'ultimo, che ha mostrato la derivazione del *De Sapientia Veterum* baconiano dalla *Mithologia* di Natale Conti (piena di echi della cultura medievale) si dichiarava tentato di vedere in Bacone un filosofo medievale tormentato da un sogno moderno (*a medieval philosopher haunted by a modern dream*).[7] Gli equivoci che nascono da ricerche di questo tipo trovano la loro origine in difetti di impostazione metodologica sui quali non sarà inutile soffermarsi brevemente.

Esiste un tipo di storiografia che crede di poter determinare il "significato" dei movimenti di cultura o dei pensatori del passato servendosi di una serie di formule riduttrici, teorizzate indipendentemente dalla ricerca, che eliminano come accidentali e irrilevanti tutti gli aspetti storicamente concreti delle varie dottrine che non si prestano a tale riduzione. La ricerca storica si riduce in tal modo a un affrettato rilievo delle varie "modernità" e a un lavoro di collocamento dei filosofi del passato al posto che a essi necessariamente compete in un quadro "logico" tracciato a priori. Per questa storiografia la storia si riduce in genere a storia del problema gnoseologico o addirittura a gnoseologia e i problemi relativi alle connessioni filosofia-ambiente storico o filosofia-cultura non si pongono neppure. Spesso in polemica con questa prima e alquanto monotona forma di storiografia molti studiosi hanno insistito sulla necessità di rintracciare le precise origini storiche delle varie posizioni concettuali e hanno mostrato la presenza e la persistenza di temi culturali derivanti dalla tradizione in pensatori che troppo facilmente ci si era affrettati a qualificare "rivoluzionari", o almeno autentici precursori delle varie rivoluzioni. Queste precise ricerche hanno funzionato senza dubbio come

ratur und lateinisches Mittelalter): "L'assenza di storicizzazione svuota di qualsiasi rilievo tutta l'indagine, che si riduce ad una accidentale enumerazione di *esempi* dell'uso traslato del termine *libro*, ove la raccolta stessa dei *casi* non riesce mai veramente indicativa, data la mancanza di prospettiva reale dei luoghi addotti" (E. Garin, *La cultura filosofica del Rinascimento italiano*, Firenze 1961, p. 451).

[7] Ch. Lemmi, *The Classical Deities*, cit., p. 211.

un efficace rimedio contro le sistematiche falsificazioni di quanti erano esclusivamente preoccupati di reperire elementi di straordinaria modernità in tutti i pensatori del passato, da Eraclito a Bruno; ma l'esclusiva insistenza su queste persistenze e sulla identità dei contenuti culturali ha finito spesso per precludere ogni comprensione dei caratteri di novità che si manifestarono ogni volta che quei contenuti di cultura venivano, in situazioni diverse, interpretati in maniera differente. Così si rischiò veramente di porre sullo stesso piano Saffo, Dante e Leopardi solo perché tutti e tre han cantato la luna[8] e, dopo aver dimostrato che gli dèi pagani non erano mai morti nel Medioevo, ci si sentì autorizzati a ridurre tutte le possibili interpretazioni allegoriche al comune denominatore Medioevo e a negare tutte le differenze di *forma* e di atteggiamento che alteravano e modificavano profondamente il significato di quei concetti derivanti dalla tradizione medievale.

Aver presenti queste considerazioni può essere opportuno ove si intenda evitare, per il problema che qui ci interessa, un duplice pericolo. Da un lato ci si può limitare a una esposizione della interpretazione baconiana del mito di Prometeo che, ove non se ne colgano i caratteri di novità, può facilmente apparire espressione di un interesse artistico-letterario marginale o accidentale rispetto alla "filosofia" di Bacone.[9] D'altro lato si può invece, per la preoccupazione di individuare le fonti, colmare ogni distanza e svuotare egualmente di significato[10] un tentativo che fu tra i più grandi di dare espressione, nelle forme consentite dalla tradizione e nel linguaggio proprio di un'età, ad alcuni degli ideali della filosofia e della scienza moderne.

2

Da Esiodo a André Gide il mito di Prometeo ha accompagnato costantemente lo sviluppo della coscienza

[8] Cfr. E. GARIN, *Medioevo e Rinascimento*, Bari 1954, p. 72.

[9] È questa, per es., la conclusione di V. FAZIO ALLMAYER, *Saggio su Francesco Bacone*, Palermo 1928, p. 136.

[10] A questo sostanzialmente conduce il serio e ben documentato studio del Lemmi.

culturale dell'Occidente e un tentativo di determinare le successive interpretazioni che di questo mito sono state date equivarrebbe a seguire passo passo le complesse linee di quello sviluppo. Queste pagine non si propongono un compito così vasto. Il fine che qui ci si propone è di determinare gli elementi di "novità" che, rispetto alla tradizione, sono presenti nell'interpretazione che Francesco Bacone dette del mito di Prometeo e il significato che è da attribuire a questi elementi in vista di una valutazione generale della filosofia baconiana e della cultura dell'età di Bacone. I brevi accenni alla storia del mito di Prometeo[11] sono quindi esclusivamente in funzione del fine ora indicato.

In Esiodo[12] non c'è traccia di un tentativo di giustificare la ribellione di Prometeo; solo in Eschilo[13] il rapitore del fuoco appare, come poi sarà immaginato per tanti secoli, il ribelle che si oppone all'ingiustizia e al dominio tirannico degli dèi, che non muterebbe la sua sorte con quella del servile Mercurio e che, per amore degli uomini, donò a essi il fuoco insegnando loro tutte le arti. Da Prometeo gli uomini impararono a costruire le abitazioni, a regolare la loro vita sul ritmo dei cieli; da lui appresero la matematica, l'alfabeto, l'arte di domare i cavalli e di navigare sugli oceani; da lui derivarono la medicina, l'arte del vaticinio e la capacità di estrarre i preziosi metalli nascosti entro la terra. A Prometeo, secondo Diogene,[14] risale invece la responsabilità di aver determinato, con il dono delle arti, la profonda corruzione della vita sociale. In Platone[15] Prometeo prende

[11] Per le fonti e le linee fondamentali di questa storia cfr. O. Raggio, *The Myth of Prometheus. Its Survival and Metamorphoses up to the Eighteenth Century*, in "Journal of Warburg and Courtauld Institutes", 1958, pp. 44-62; ma sono tuttora utili: Darambert Saglio, *Dict. des antiquités grecques et romaines*; Roscher, *Ausführliches Lexicon der griechischen und römischen Mythologie*; Weiske, *Prometheus und sein Mythenkreis*, Leipzig 1842; A. Kuhn, *Die Herabkunft des Feuers*, Regensburg 1854. Per le corse con le fiaccole sono da vedere le voci *Lampadedromia* in Darambert Saglio, cit., e in Pauly-Wissowa. Sull'interesse che può presentare una storia del mito di Prometeo cfr. le considerazioni di A. Gramsci, *Il materialismo storico e la filosofia di B. Croce*, Torino 1949, pp. 166-168.

[12] *Theogonia*, 507-610; *Opere e i giorni*, 42-103.

[13] *Prometeo incatenato*.

[14] Dione Crisostomo, *Logoi*, vi.

[15] *Protagora*, 320, 321, 322b.

parte per la prima volta alla creazione del genere umano[16] e, insegnando agli uomini a onorare gli dèi e a trarre alimenti dalla terra, li rende in qualche modo "partecipi della sorte divina".

Nella cultura medievale Prometeo perde il suo carattere di ribelle creatore e viene interpretato come un simbolo dell'unica, divina potenza creatrice: "Deus unicus qui universa condit, qui hominem de humo struxit, hic est verus Prometeus". In Tertulliano,[17] in Lattanzio[18] e in Fulgenzio[19] questo motivo appare dominante e Prometeo è il travestimento pagano della potenza divina che dopo aver creato l'uomo soffia in lui la vita; ma in Servio[20] e in Agostino,[21] oltre che come simbolo della divinità, Prometeo continua a essere interpretato anche come il "riformatore" che ha inventato tutte le arti e gli strumenti del vivere civile.

"Prometheus est philosophus," scriverà Pomponazzi nel *De fato*[22]: nella coscienza del Rinascimento Prometeo diviene il simbolo della capacità di creazione che, unico fra tutte le creature, l'uomo possiede. Nel Boccaccio[23] il motivo presente nella cultura medievale si combina con l'esaltazione del potere creativo di Prometeo, ed egli interpreta il mito secondo un duplice simbolismo: per un verso Prometeo è il vero e onnipotente Iddio che trae alla vita l'uomo, per l'altro Prometeo è l'uomo che ereditò il potere dal padre Giapeto, abdicò in favore del fratello Epimeteo e si rifugiò in Assiria. Qui, in solitudine sul Caos, studiò il corso delle stelle, poi discese dai monti per insegnare agli uomini l'astrologia e le vie della vita civile. Gli uomini "rudes et ignari... agrestes et beluæ" furono così condotti dalla barbarie alla civiltà.

[16] Prometeo appare il creatore degli uomini in Filemone e Menandro (MEINEKE, *Frag. comic. græc.*, IV, pp. 32 e 231); in APOLLODORO, *Biblioteca*, I, 7, 1; in OVIDIO, *Metam.*, I, 76 sgg.; in GIOVENALE, *Satire*, XIV, 34-35; in MASSIMO DI TIRO, *Dissert.*, XXXVI, 1. Cfr. anche PAUSANIA, *Periegesi*, 10 4, 4.

[17] *Apolog.*, 18; *Adv. Marcion.*, I, 1.

[18] *Divin. Instit.*, II, 11.

[19] *Mythologicon*, II, 9.

[20] *Com. in Virg. bucol.*, VI, 42.

[21] *De Civ. Dei*, XVIII, 8.

[22] *De fato*, Basel 1554.

[23] *Genealogie deorum gentilium libri*, IV sub *De Prometheo*, cfr. ora l'edizione a cura di V. Romano, Bari 1951, 2 voll.

Ma è in Bovillus, come ha mostrato Cassirer,[24] che il mito di Prometeo diviene espressione dell'individualismo del Rinascimento. Dall'uomo di natura, dal *primus homo* il Sapiente fa sorgere l'uomo celeste, il *secundus homo* e trasforma una parte in un tutto, un cominciamento in una perfezione, un seme in un frutto:

"Il Sapiente... imita il famoso Prometeo che, come cantano le favole dei poeti, ammesso un tempo per concessione degli dei o per acume di mente e d'ingegno ai talami etèrei, dopo aver compiutamente indagato con grande attenzione le celesti dimore, non trovò in esse niente di più sacro, di più prezioso e di più fecondo che il fuoco. Rubato di lì quest'elemento, che gli dèi rifiutavano con tanto vigore agli uomini, lo introdusse nel mondo e con esso animò l'uomo di fango e d'argilla che prima aveva formato. Così anche il Sapiente, abbandonando il mondo sensibile per forza di contemplazione, e penetrando nella reggia del cielo, trae nel mondo terreno il fuoco splendentissimo di Sapienza concepito nel grembo della mente immortale, e per quella pura e fecondissima fiamma l'uomo naturale e terreno, che è in lui, acquista vigore, si scalda, si anima. Il Sapiente compensa i doni di natura col realizzare l'uomo dotto, conquista quindi se stesso, si possiede, rimane sua proprietà".[25]

Il tema della dignità e della centralità dell'uomo presente nelle pagine di Pico, del Manetti, del Ficino: questo il significato del Prometeo del Bovillus. L'uomo è esaltato non come un ente, ma come pensiero, e la posizione privilegiata dell'uomo nel mondo non è frutto della volontà divina, ma della libera scelta dell'uomo al quale non è stata assegnata una *natura* come a tutte le altre cose create. La natura dell'uomo sarà dunque il farsi dell'uomo. E la possibilità di questo farsi è infinita; i suoi limiti coincidono con i limiti dell'universo:

"E se la specie che si dice specie di tutto e quella dell'uomo naturale sono la stessa cosa, necessariamente anche l'uomo naturale deve essere potenza di tutto; poiché il suo atto è atto di tutto, la sua specie specie di tutto, la

[24] E. Cassirer, *Individuo e cosmo nella filosofia del Rinascimento,* tr. it. Firenze 1935, pp. 154-156.

[25] C. Bovillus, *De Sapiente*, tr. di E. Garin, Torino 1943, pp. 36-37.

sua immagine immagine di tutto, il suo numero numero di tutto...".[26]

Nel *De Sapiente* la forza di questo capovolgimento del tema stoico dell'uomo microcosmo rischia di disperdersi entro una trama di pensiero tipicamente medievale fatta di rigide gerarchie e di complicati procedimenti analogici. L'ispirazione platonica della sua *Lichtmetaphysik* conduce inoltre Bovillus a identificare la libera opera dell'uomo con la contemplazione e con l'abbandono del mondo sensibile: riallacciandosi a temi stoici egli è dunque portato ad accentuare gli aspetti aristocratici ed eccezionali della figura del Sapiente:

"Il Sapiente vive immoto e impassibile. Ché la sua propria vera, principale azione, la contemplazione, è separata dal mondo, dal tempo, dallo spazio e dalla materia... La mente dello stolto invece mantenendosi vuota, sterile, oziosa, inutile non si solleva mai al mondo superiore, non diviene mai sua pari...".[27]

3

Ciò che distingue in modo radicale ogni ideale "moderno" del sapere è, in primo luogo, proprio la rinuncia a questo concetto del sapere come contemplazione e a questa finale separazione fra sapienti e stolti, fra individui d'eccezione, provvisti di mistiche certezze, e intelligenze comuni. Per Bacone (e forse anche per Descartes) non si tratta di condurre la mente umana al livello della mente divina o di far sì che la realtà infinita dell'universo abbia a "specchiarsi" nella mente del sapiente, ma solo di liberare la intelligenza limitata degli uomini dai pregiudizi, dagli errori tradizionali, dagli *idola* che ne inceppano e ne ostacolano il *normale* funzionamento. Per Bacone il sapere non è frutto di intuizioni solitarie, ma il risultato di una profonda riforma che riguarda il modo di pensare e di parlare degli uomini e che concerne le stesse strutture della loro vita associata.

Meglio di ogni discorso di ordine generale, un esame

[26] Ivi, p. 94.
[27] Ivi, pp. 39 e 51.

dei temi fondamentali presenti nell'interpretazione baconiana del mito di Prometeo potrà mostrarci in concreto questa trasformazione degli ideali e dei compiti del sapere. Bacone non aveva letto il *De Sapiente* del Bovillus, probabilmente conosceva la *Genealogia* del Boccaccio (anche se gli accostamenti che sono stati fatti non paiono sempre del tutto persuasivi). La fonte diretta del suo *De Sapientia Veterum* fu (come Charles Lemmi ha ampiamente dimostrato) la *Mithologia* di Natale Conti.[28] Quest'opera ebbe in Europa, fra il 1551 e il 1627, diciannove edizioni[29]: insieme alle *Immagini* del Cartari[30] e al *De Deis Gentium* del Giraldi,[31] essa divenne per tutti gli intellettuali europei una specie di manuale di uso corrente dal quale si attingevano le notizie relative ai miti del mondo classico. Anche per la ventiseiesima delle sue favole, quella di Prometeo, Bacone si servì largamente, senza naturalmente mai citarlo, del lavoro di Natale Conti.

Prometeo, nel racconto di Bacone, creò il genere umano e, per amore di esso, rapì il fuoco dal cielo. Gli uomini dimostrarono però scarsa gratitudine verso il loro benefattore e lo denunciarono a Giove. In cambio della denuncia Giove lasciò alla razza umana il possesso del fuoco e aggiunse come premio il dono di un'eterna giovinezza. Il prezioso dono fu caricato su un asino che, assetato, donò a un serpente, posto a guardia di una fonte, ciò che portava sul dorso. Giove, per punire l'insolenza di Prometeo che si era riconciliato con gli uomini e che aveva tentato di ingannarlo con un falso sacrificio, ordinò a Vulcano di formare la bellissima Pandora che recava un vaso pieno di mali. La speranza giaceva sul fondo. Il prudente Prometeo si rifiutò di aprire il vaso, non così l'ardente Epimeteo e i mali si sparsero per il mondo. Giove, ancora più adirato perché Pro-

[28] N. CONTI, *Mythologiæ sive explicationum fabularum libri decem*, Venezia, Aldo, 1551.

[29] Tre edizioni a Venezia, quattro a Francoforte, tre a Parigi, una a Ginevra, Lione, Hassau, Padova. In Francia la tr. di J. de Montlyard fu pubblicata a Parigi, Lione, Rouen e ancora a Parigi.

[30] V. CARTARI, *Le Immagini colla sposizione degli Dei degli Antichi*, Venezia, Marcolini, 1556. L'opera ebbe ventiquattro edizioni dal 1556 al 1699, e fu tradotta in francese, tedesco e inglese.

[31] L.G. GIRALDI, *De deis gentium varia et multiplex historia in qua simul de eorum imaginibus et cognominibus agitur*, Basel, Oporinus, 1548.

meteo aveva tentato di usare violenza a Minerva, condannò Prometeo a restare legato sul Caucaso con il fegato roso da un'aquila. Di notte il fegato ricresceva. Ma i dolori di Prometeo ebbero una fine: Ercole, navigando su un vaso di terra donatogli dal Sole, attraversò l'Oceano, uccise l'aquila e liberò Prometeo. In seguito, in onore di Prometeo, furono istituiti giochi nei quali coloro che si disputavano la vittoria dovevano correre con una torcia in mano. La vittoria spettava a chi fosse riuscito a raggiungere il traguardo con la torcia accesa.

Molte delle verità contenute nel mito, afferma Bacone, sono già state chiarite; altre sono completamente sfuggite alla maggioranza degli interpreti. Secondo la tradizione Prometeo ha creato il genere umano. Egli è in tal modo il simbolo della provvidenza perché l'unica cosa che gli antichi attribuirono alla provvidenza, nella totalità delle cose, è la creazione dell'uomo. E ciò per due ragioni: in primo luogo perché pare incredibile che la mente possa esser stata ricavata da principi insensati e privi di intelligenza; in secondo luogo perché, dal punto di vista delle cause finali, l'uomo appare veramente al centro del mondo. Il fuoco rapito da Prometeo è l'origine dell'industria, delle arti meccaniche e delle scienze mediante le quali l'uomo può modificare la sua situazione di originaria nudità e impotenza e farsi in qualche modo padrone delle cose create.

Fin qui l'interpretazione baconiana si è attenuta ai modelli tradizionali. Gli altri episodi del mito vengono invece interpretati da Bacone in funzione dei suoi interessi filosofici ed etico-religiosi. L'episodio relativo alla perdita da parte degli uomini del dono della giovinezza eterna indica che la medicina antica compì tentativi rivolti al prolungamento della vita e che questi tentativi fallirono più per colpa degli uomini che per effettiva impossibilità di realizzazione; l'asino indica quella *tarda esperienza* dalla quale è nato l'antico lamento sulla brevità della vita e sulla lunghezza dell'arte ed è simbolo della non attuata fusione tra le filosofie dogmatiche e quelle empiriche: il frettoloso riconciliarsi degli uomini con Prometeo indica l'abitudine di tornare scoraggiati alle vecchie imprese o di riconciliarsi con la tradizione ove i nuovi esperimenti non abbiano immediato successo. Dell'episodio di Minerva, di quello del falso sacrificio e di quello di Ercole liberatore Bacone si serve per esprimere alcune tesi fondamentali del suo pensiero in materia di religione: il tentativo di far violenza a Minerva simboleggia i vani sforzi di coloro che, gonfiati dalla scienza, pretendono di sottomettere alla ragione la sapienza divina; il falso sacrificio indica quei riti e quelle cerimonie che servono più all'ostentazione che all'effettiva pietà; Ercole che libera Prometeo è l'immagine del Redentore disceso a liberare il genere umano nel fragile vaso dell'umana carne.

Ma Bacone non si è limitato a interpretare molti episodi del mito lasciandone immutata la struttura tradizionale. Egli ha aggiunto al mito due episodi dei quali non appare traccia nella tradizione. Il primo è quello di Ercole come allegoria dell'incarnazione; il secondo è quello dell'ingrata denuncia di Prometeo a Giove da parte del genere umano che già aveva ricevuto il dono del fuoco. Proprio questa parte della favola appare a Bacone particolarmente significativa: coloro che mettono in stato di accusa le loro arti e la loro propria natura fanno cosa più grata agli dei di quelli che esaltano la natura umana e il sapere di cui l'uomo è in possesso. Questi ultimi sono come in perpetua estasi di fronte a ciò che l'uomo possiede e, pensando di essere pervenuti al termine dei loro sforzi, non compiono nessuna ricerca nuova. Solo chi sa accusare l'uomo e le arti umane è spinto a nuove ricerche ed è portato a rifiutare di farsi schiavo di un piccolo numero di filosofi arroganti. Per questo di fronte alla perfetta filosofia di Aristotele che non dubita mai di niente, sono da preferire i continui dubbi e le perplessità di Empedocle e di Democrito.

Può rivestire un certo interesse il fatto che nel capitolo di un'opera che è stata considerata dalla maggioranza degli interpreti come un'esercitazione letteraria si siano trovati presenti motivi di pensiero che saranno al centro di tutto il posteriore lavoro di Bacone. Bacone si è servito della interpretazione del mito di Prometeo per accennare ai temi fondamentali che verranno svolti nel *Novum Organum* e nel *De Augmentis* e che, con linguaggio assai più aspro, erano già stati formulati in quelle opere giovanili che, per ragioni di opportunità culturale, Bacone ritenne di dover lasciare inedite.[32] Ma questi temi sono più o meno familiari a ogni let-

[32] Il *Temporis Partus Masculus*, i *Cogitata et Visa*, la *Redargutio Philosophiarum*.

tore del *Novum Organum.* Per mostrare la profonda differenza che separa il Prometeo di Bacone da quello del Bovillus e quindi per cogliere la distanza fra il concetto baconiano di scienza e il concetto di scienza che fu proprio del Rinascimento sarà invece opportuno fermarci a considerare un passo, molto significativo, del *Prometeo* di Bacone:

"Resta infine da trattare ciò che si riferisce alle feste di Prometeo con le torce ardenti. Ciò... si riferisce alle scienze e alle arti, come quel fuoco in memoria e celebrazione del quale queste feste furono istituite, e contiene in sé un monito pieno di saggezza: la perfezione delle scienze deve fondarsi sulla successione delle fatiche e non sulla prontezza e abilità di qualcuno. Perciò coloro che nella corsa e nella gara sono i più veloci e gagliardi, sono forse i meno abili nel conservare accesa la loro torcia. Non minore è infatti il pericolo dello spegnimento nella corsa troppo rapida che nella troppo tarda. Queste corse e queste gare di fiaccole sembrano essere state tralasciate da molto tempo... è auspicabile che si rinnovino questi giochi in onore di Prometeo e della natura umana, che si riproduca la gara, l'emulazione e il buon esito e che la scienza non abbia più a dipendere dalla tremula e agitata torcia di una sola persona, chiunque essa sia".

Non solo questa teorizzazione della necessità della ricerca collaborativa come essenziale alla scienza si muove su un piano molto diverso da quello che fu tipico dei filosofi e degli scienziati del Rinascimento, ma la stessa esaltazione dell'uomo, presente nel *Prometeo* baconiano, assume da questo punto di vista un ben diverso significato. Il concetto di un uomo privo di *natura* e che può dare a se stesso la natura che vuole, concetto sul quale il Bovillus e tanti altri avevano energicamente insistito, resta sostanzialmente estraneo al pensiero di Bacone. Il potere dell'uomo non è in alcun modo infinito: egli è *obsessus legibus naturæ*[33] e nessuna forza umana può sciogliere o spezzare i nessi causali che regolano la realtà naturale.[34] Il compito dell'uomo non consiste quindi nella celebrazione della sua infinita libertà, o della sua sostanziale identità con l'universo, ma nel rendersi conto che il potenziamento delle do-

[33] *De Int. Naturæ Sent.* XII, 1.
[34] *Distributio operis,* alla fine.

ti limitate dell'uomo esige un adeguamento alla natura, una volontà di eseguirne i comandi e di prolungarne l'opera. Solo questa volontà di adeguamento può consentire un'effettiva e non illusoria padronanza della natura. L'uomo diviene padrone della natura solo in quanto, di essa natura, è il ministro e l'interprete.[35] La pretesa umana di penetrare con i sensi e con la ragione nella sfera del divino è dannosa e priva di senso: la possibilità di una *operatio libera* sulla natura indica non la possibilità di operare tutte le modificazioni che si vogliono, ma di non incontrare mai dei limiti in quelle operazioni di trasformazione che sanno tener conto delle leggi naturali e che riescono a porsi come un prolungamento dell'opera della natura.[36]

[35] *Novum Organum*, I, 1.

[36] Cfr. C.A. VIANO, *Esperienza e natura nella filosofia di F. Bacone*, in "Rivista di Filosofia", XLV, 1954, fasc. 3, p. 308.

Indice dei nomi

N.B. Le cifre in corsivo rinviano alle pagine nelle quali gli autori sono più diffusamente trattati o nelle quali sono presenti citazioni.

Indice

Ultimi volumi pubblicati in "Universale Economica"

Rolf Sellin, *I bambini sensibili hanno una marcia in più.* Comprenderli, rassicurarli e prepararli a una vita felice
Enrico Franceschini, *L'uomo della Città Vecchia*
Maurizio Maggiani, *Il Romanzo della Nazione*
Paolo Rumiz, *Il Ciclope*
Gabriele Romagnoli, *Solo bagaglio a mano*
Isabel Allende, *L'amante giapponese*
Chuang Tzu (Zhuangzi)
Marco Missiroli, *Senza coda*
José Saramago, *Storia dell'assedio di Lisbona*
Nicolas Barreau, *Parigi è sempre una buona idea*
Concita De Gregorio, *Mi sa che fuori è primavera*
Michele Serra, *Ognuno potrebbe*
Claudia Piñeiro, *Le vedove del giovedì*
Enzo Gianmaria Napolillo, *Le tartarughe tornano sempre*
Ermanno Rea, *Il sorriso di don Giovanni*
Louise Erdrich, *Il giorno dei colombi*
Karl Ove Knausgård, *L'isola dell'infanzia*
Laurent Mauvignier, *Degli uomini*
Eugenio Borgna, *Il tempo e la vita*
David van Reybrouck, *Congo*
Barbara Berckhan, *Piccolo manuale per persone vulnerabili.* Costruirsi una corazza personale e non perdere la serenità
Caroline Vermalle, *Due biglietti per la felicità*
Eli Zaretsky, *I misteri dell'anima.* Una storia sociale e culturale della psicoanalisi

Salvatore Natoli, *L'arte di meditare*. Parole della filosofia
Chiara Saraceno, *Coppie e famiglie*. Non è questione di natura
Giovanni De Luna, *La Resistenza perfetta*
Imre Kertész, *Liquidazione*
Banana Yoshimoto, *Il dolore, le ombre, la magia*
Stefano Benni, *Cari mostri*
Raquel Martos, *Alla fine andrà tutto bene* (e se non va bene... non è ancora la fine)
Alessandro Baricco, *La Sposa giovane*
Eva Cantarella, *Secondo natura*. La bisessualità nel mondo antico
J.G. Ballard, *Tutti i racconti*. Volume II. 1963-1968
Giorgio Candeloro, *Storia dell'Italia moderna*. Volume ottavo. La Prima guerra mondiale, il dopoguerra, l'avvento del fascismo. 1914-1922
Catia Trevisani, *Fiori di Bach*. Per adulti e bambini
Gianfranco Damico, *Il codice segreto delle relazioni*. Usare il cervello per arrivare al cuore
Zeruya Shalev, *Quel che resta della vita*
Kris Verburgh, *La clessidra alimentare*. Dalla ricerca biomedica più avanzata, il nuovo metodo per vivere più sani, più a lungo e più magri
Pino Cacucci, *Nessuno può portarti un fiore*
Piersandro Pallavicini, *Una commedia italiana*
Osho, *Il velo impalpabile*. Discorsi su *Il giardino cintato della verità* di Hakim Sanai
Saverio Tomasella, *L'amore non è mai per caso*. Riconoscere e superare ciò che davvero ci impedisce di trovare la felicità in amore
William McIlvanney, *Il caso Tony Veitch*. Le indagini di Laidlaw
Karl Ove Knausgård, *Un uomo innamorato*
Pallavi Aiyar, *L'incredibile storia di Soia e Tofu*
Richard Sennett, *Lo straniero*
Henry Miller, *Riflessioni sulla morte di Mishima*
Emilio Minelli, Fabrizia Berera, *La rivincita degli emotivi*. Come non farsi dominare dagli stati d'animo negativi
Enrico Ianniello, *La vita prodigiosa di Isidoro Sifflotin*
Vassilis Vassilikos, *Z*. L'orgia del potere

Davide Longo, *Il mangiatore di pietre*
Alberta Basaglia, *Le nuvole di Picasso*. Una bambina nella storia del manicomio liberato
Alessandro Leogrande, *Uomini e caporali*. Viaggio tra i nuovi schiavi nelle campagne del Sud
Massimo Recalcati, *Le mani della madre*. Desiderio, fantasmi ed eredità del materno
Stefano Valenti, *La fabbrica del panico*
Paolo Rumiz, *Come cavalli che dormono in piedi*
Susan Abulhawa, *Nel blu tra il cielo e il mare*
Mimmo Franzinelli, *L'amnistia Togliatti*. 1946. Colpo di spugna sui crimini fascisti. Postfazione di G. Neppi Modona
José Saramago, *Alabarde Alabarde*
Maylis de Kerangal, *Nascita di un ponte*
Maylis de Kerangal, *Riparare i viventi*
Etgar Keret, *All'improvviso bussano alla porta*
Etgar Keret, *Sette anni di felicità*
Sibilla Aleramo, *Amo dunque sono*
Stanislav Grof, *Quando accade l'impossibile*. Avventure in realtà non ordinarie
Paola Negri, *W la pappa!* Dall'introduzione dei cibi solidi all'alimentazione adulta. Educare i nostri figli, e noi stessi, a mangiare sano e bio
Marco Missiroli, *Atti osceni in luogo privato*
Howard Gardner, *La nuova scienza della mente*. Storia della rivoluzione cognitiva
Christina Berndt, *Il segreto della resistenza psichica*. Che cosa ci rende forti contro le piccole e grandi crisi della vita
Mathias Malzieu, *Il bacio più breve della storia*
Alejandro Jodorowsky, *Tre storie magiche*
Emilio Gentile, *Contro Cesare*. Cristianesimo e totalitarismo nell'epoca dei fascismi
Ryszard Kapuściński, *Stelle nere*
Eugenio Borgna, *Di armonia risuona e di follia*
Gian Antonio Stella, *Bolli, sempre bolli, fortissimamente bolli*. La guerra infinita alla burocrazia
Carlo Cottarelli, *La lista della spesa*. La verità sulla spesa pubblica italiana e su come si può tagliare

Lawrence J. Cohen, *Gioca con me*. L'Educazione Giocosa: un nuovo, entusiasmante modo di essere genitori

Michel Foucault, *Il coraggio della verità*. Il governo di sé e degli altri II. Corso al Collège de France (1984)

Marcela Serrano, *Adorata nemica mia*

René Girard, *Miti d'origine*. Persecuzioni e ordine culturale. A cura di P. Antonello e G. Fornari

Marina Panatero, Tea Pecunia, *Giochiamo a rilassarci*. La meditazione per calmare i bambini e renderli più attenti e creativi

Osho, *Lo specchio del cuore*

Piero Gobetti, *Avanti nella lotta, amore mio!* Scritture 1918-1926. A cura di P. Di Paolo

José Saramago, *La caverna*

Erri De Luca, *Sulla traccia di Nives*

Simon Levis Sullam, *I carnefici italiani*. Scene dal genocidio degli ebrei, 1943-1945

Bärbel Wardetzki, *Pronto soccorso per l'anima offesa*. Reagire agli affronti con filosofia e senza risentimenti

Mauro Corona, *La casa dei sette ponti*

Sergio Rizzo, *Da qui all'eternità*. L'Italia dei privilegi a vita

Pino Cacucci, *Mahahual*

Alessandro Baricco, *Smith&Wesson*

Banana Yoshimoto, *Andromeda Heights*. Il Regno 1

'Ala al-Aswani, *Cairo Automobile Club*

Claudia Piñeiro, *La crepa*

Amos Oz, *Giuda*

Amos Oz, Fania Oz-Salzberger, *Gli ebrei e le parole*. Alle radici dell'identità ebraica

Giorgio Candeloro, *Storia dell'Italia moderna*. Volume undicesimo. La fondazione della Repubblica e la ricostruzione. 1945-1950

Charles Bukowski, *Il canto dei folli*. Nuova traduzione di S. Viciani

Paolo Rumiz, *Morimondo*

Franco e Andrea Antonello, *Sono graditi visi sorridenti*

Federico Rampini, *Rete padrona*. Amazon, Apple, Google & co. Il volto oscuro della rivoluzione digitale

Caroline Vermalle, *La felicità delle piccole cose*

Giovanni Floris, *Il confine di Bonetti*
Stanley Coren, *I cani sanno far di conto?* (Quasi) tutto ciò che il vostro cane vorrebbe farvi sapere
José Saramago, *Il viaggio dell'elefante*
Becky A. Bailey, *Facili da amare, difficili da educare*. Crescere i figli con autocontrollo e sensibilità
Michelle Cohen Corasanti, *Come il vento tra i mandorli*
Karl Ove Knausgård, *La morte del padre*
Antonio Tabucchi, *Per Isabel*. Un mandala
Ermanno Rea, *Napoli Ferrovia*
Gabriella Cella Al-Chamali, *Yoga-Ratna. Il gioiello dello yoga*
Carlo Ginzburg, *Il filo e le tracce*. Vero falso finto
Erri De Luca, *Il peso della farfalla*
Michael J. Sandel, *Quello che i soldi non possono comprare*. I limiti morali del mercato
Barbara Berckhan, *Piccolo manuale per imparare a fare e a ricevere critiche*
Kurt Vonnegut, *Perle ai porci* o Dio la benedica, Mr. Rosewater
Alejandro Jodorowsky, *Albina* o il popolo dei cani
Giovanni De Luna, *La Repubblica del dolore*. Le memorie di un'Italia divisa
Gian Antonio Stella, Sergio Rizzo, *Se muore il Sud*
J.G. Ballard, *Tutti i racconti*. Volume I. 1956-1962
Corrado Ruggeri, *Farfalle sul Mekong*. Con una nuova introduzione dell'autore
Rolf Sellin, *Le persone sensibili sanno dire no*. Affrontare le esigenze degli altri senza dimenticare se stessi
Charles Bukowski, *Il sole bacia i belli*. Interviste, incontri e insulti
Mathias Malzieu, *L'uomo delle nuvole*
Eveline Crone, *Nella testa degli adolescenti*. I nostri ragazzi spiegati attraverso lo studio del loro cervello
Michel Foucault, *Il governo di sé e degli altri*. Corso al Collège de France (1982-1983)
Eugenio Borgna, *La dignità ferita*
Imre Kertész, *Kaddish per il bambino non nato*
Alessandro Mari, *Gli alberi hanno il tuo nome*
José Saramago, *Le piccole memorie*

Banana Yoshimoto, *A proposito di lei*
John Cheever, *Una specie di solitudine*. I diari
Yu Hua, *La Cina in dieci parole*
Richard Ford, *Canada*
Manuel Vázquez Montalbán, *Luis Roldán né vivo né morto*
Sophie Hart, *Il club delle cattive ragazze*
Roberto "Freak" Antoni, *Non c'è gusto in Italia a essere Freak*. Antologia fantastica di scritti rock. A cura di O. Rubini
Rainer Sachse, *Come rovinarsi la vita sistematicamente* (e smettere di farlo)
Svagito, *Le radici dell'amore*. Costellazioni familiari: i legami che vincolano e il cammino verso la libertà
Alessandro Chelo, *Il coraggio di essere te stesso*. La ricerca dell'autenticità come strada per il successo
Alberto Cavaglion, *La Resistenza spiegata a mia figlia*. Nuova edizione
James Gleick, *L'informazione*. Una storia. Una teoria. Un diluvio
Remo Bodei, *La filosofia nel Novecento* (e oltre). Nuova edizione
Gaetano Salvemini, *Le origini del fascismo in Italia*. Lezioni di Harvard
Mimmo Franzinelli, *Il Giro d'Italia*. Dai pionieri agli anni d'oro. Postfazione di M. Torriani
Vandana Shiva, *Il mondo del cibo sotto brevetto*. Controllare le sementi per governare i popoli
Gaia Servadio, *Gioachino Rossini*. Una vita
Osho, *Segreti e misteri dell'eros*
Romano De Marco, *Io la troverò*. La serie Nero a Milano
Daniel Kehlmann, *È tutta una finzione*
Gianni Testori, *Il Fabbricone*
Nicolas Barreau, *La ricetta del vero amore*
Simonetta Agnello Hornby, *Via XX Settembre*
Stefano Benni, *Pantera*. Con le illustrazioni di L. Ralli
Giuseppe Catozzella, *Non dirmi che hai paura*
Amos Oz, *Contro il fanatismo*
Giorgio Bocca, *Le mie montagne*. Gli anni della neve e del fuoco
Neil Young, *Il sogno di un hippie*

Agnese Borsellino, Salvo Palazzolo, *Ti racconterò tutte le storie che potrò*
José Saramago, *L'ultimo Quaderno*
Jonathan Coe, *Expo 58*
Erri De Luca, *Storia di Irene*
Claudia Gamberale, *Per dieci minuti*
Domenico Barrilà, *I legami che ci aiutano a vivere*. L'energia che cambia la nostra vita e il mondo
John Foot, *Milano dopo il miracolo*. Biografia di una città. Con una nuova prefazione dell'Autore
Réné Girard, Gianni Vattimo, *Verità o fede debole?* Dialogo su cristianesimo e relativismo
Francesco Dell'Oro, *Cercasi scuola disperatamente*. Orientamento scolastico e dintorni
Osho, *Pioggia a ciel sereno*. La via femminile all'illuminazione
Lars Bill Lundholm, *Il soffio del drago*. La serie Omicidi a Stoccolma
Umberto Galimberti, *Cristianesimo*. La religione del cielo vuoto. Opere XX
Nicholas Wapshott, *Keynes o Hayek*. Lo scontro che ha definito l'economia moderna
Luca Paulesu, *Nino mi chiamo*. Fantabiografia del piccolo Antonio Gramsci
Patti Smith, *Just Kids*
Michele Serra, *Gli sdraiati*
Nathan Filer, *Chiedi alla luna*
Albert Hofmann, *LSD*. Il mio bambino difficile
Isabel Allende, *Il gioco di Ripper*
Pino Cacucci, *Puerto Escondido*
Cristina Comencini, *Due partite*
Marcela Serrano, *Adorata nemica mia*
Charles Bukowski, *Scrivo poesie solo per portarmi a letto le ragazze*
Emmanuel Bove, *I miei amici*. Con una nuova postfazione del traduttore
Alberto Anile, Maria Gabriella Giannice, *Operazione Gattopardo*. Come Visconti trasformò un romanzo di "destra" in un successo di "sinistra". Prefazione di G. Fofi
Eva Cantarella, Luciana Jacobelli, *Pompei è viva*